# ISA公認テキスト
# アーボリスト®必携 リギングの科学と実践

著者：ISA　International Society of Arboriculture
　　　ピーター・ドンゼリ
　　　シャロン・リリー

協力：アーバーマスター®トレーニング

イラスト：ブライアン・コットワイカ
　　　　　トッド・モエル
　　　　　トッド・エイカーズ
　　　　　ロバート・シェットリー
　　　　　ポール・シュラウド
　　　　　シャノン・ダァー

訳：アーボリスト®トレーニング研究所
　　ジョン・ギャスライト
　　川尻　秀樹
　　髙橋　晃展

原著データ

# The Art and Science of Practical Rigging

Editorial and Production Manager: Peggy Currid
Composition: Jody Boles
Cover Design: Troy Courson, Image Graphics
Printed by: United Graphics, Mattoon, IL

International Society of Arboriculture
270 Peachtree St NW, Suite 1900
Atlanta GA 30303 United States
Phone: +1.678.367.0981
Web site: www.isa-arbor.com
E-mail: isa@isa-arbor.com

Copyright© 2001 by the International Society of Arboriculture. All rights reserved. Printed in the United States of America. Except as permitted under the United States Copyright Act of 1976, no part of this publication may be reproduced or distributed in any form or by any means, or stored in a database or retrieval system, without the prior written permission of the International Society of Arboriculture.

# 謝 辞

　本書（原著名：The Art and Science of Practical Rigging）は、多くの方の協力を得て発刊することができました。マーク・アダムス氏、スタンレイ・ロングスタッフ氏、デボラ・パーマー女史、ショーン・ギア氏、ドゥエイン・ニューステイタ氏、スコット・プロフェット氏、ノーム・ホール氏、ブルース・スミス氏、トム・ダンラップ氏、デレイン・ドーラン女史、ジム・スキエラ氏、ポール・ハーター氏、リタ・スミス女史、ブリオン・トス氏。原著者およびISA一同、みなさまに感謝申し上げます。

　加えて、制作にあたりペギー・カリード女史、ジョディ・ボールズ女史、キャシー・アッシュモア女史、トロイ・カーソン氏のみなさまにも大変お世話になりました。心からお礼申し上げます。

## ＩＳＡとは

　ISA（International Society of Arboriculture）はアメリカ合衆国ジョージア州アトランタに本部があり、世界47カ国に3万人以上の会員と資格取得者を有する世界最大の樹木研究および実践団体です。

　ISAは樹木管理に関する専門的な研究・技術・教育・実践を通じて、作業者の安全確保と技術向上を目指すと同時に、樹木や森がもたらす恩恵を世界中のあらゆる人たちに広めることを目的に活動しています。

www.isa-arbor.com

## アーボリスト®トレーニング研究所とは

　アーボリスト®トレーニング研究所（以下ATI／Arborist Training Institute）は、アメリカに本部を置く国際組織ISAが認める日本国内唯一のアーボリストトレーニング組織です。

　ATI所長のジョン・ギャスライトが2003年よりISAと連携を組み、アーボリストトレーニングチームをつくり、ツリーワーカーセミナーを行ってきました。2013年、ATIとして再スタートを切り、日本におけるアーボリスト技術と知識の普及を目指しています。

　ISA認定国際資格ツリーワーカー／クライマースペシャリストや、ISA推奨、ATI認定資格取得を目指す方に向けた技術講習や認定試験を実施しています。

　また、樹上レスキューTARSセミナーに重点をおき、アーボリスト業界の労働災害事故防止への努力をしています。

http://japan-ati.com

# 訳者まえがき

　ISAでは数十年間にわたり数多くの研究と現場実践を重ねてきました。本書は、その実績をもとに、科学的基礎と実証済みのリギング技術、推奨事例、および事故防止のためのベストプラクティス(一番良い方法)をまとめたものです。

　樹木を護るアーボリスト(樹護士)を目指す人は是非、この本で勉強してください。このテキストで基礎知識を得た上で樹木と周囲の環境のバランスを考え、最良の選択をし、仕事に活かしてください。時には危険木を伐採したりもしますがそれは仕事の中の一部であり、樹木自体へのダメージや負荷を最小限に留め、住宅や樹木の所有者への負担も考え、街や住宅街の景観等も含めた、樹木の寿命と地球環境にやさしい仕事をしましょう。

　樹木管理においての重大事故の大半は、リギング技術の習得が不十分だった場合や、樹木生態の認識不足、作業の基本的ルールを守らなかったことが原因です。

　この本の中にはアーボリスト(樹護士)が首尾よく安全にリギングを行うために必要とされる重要な基礎技術が集約されています。時間が経つにつれて、道具が進化し、ロープの品質は向上するかもしれませんが、時代を超えて全く変わらないものとして重力の存在、樹木の構造、そして人為的ミスがあるということをいつも忘れないで樹木と向き合ってください。

アーボリスト®トレーニング研究所
ジョン・ギャスライト　川尻秀樹　髙橋晃展

※本書(日本語翻訳版)の出版にあたり、ISA理事でもあるアーボリスト®トレーニング研究所所長のジョン・ギャスライトが、ISAと交渉を行い、ISAの協力および了解を得ています。

# 目次

アーボリスト® 必携　リギングの科学と実践

謝辞 …………………………………………………………… 3
ISAとは、アーボリスト® トレーニング研究所とは … 4
訳者まえがき ………………………………………………… 5
本書をお読みになる前に …………………………………… 10

## 第1章　序論　技術と方法

目的 …………………………………………………………… 12
リギングとは？ ……………………………………………… 13
樹木と現場のインスペクション(事前調査) …………… 13
プランニング(作業計画) ………………………………… 15
枝や幹を切って下ろす技術 ………………………………… 16
手順 …………………………………………………………… 19
フローティングアンカー …………………………………… 23
切断方法 ……………………………………………………… 24
リギングの科学 ……………………………………………… 27
まとめ ………………………………………………………… 31
確認テスト …………………………………………………… 32

## 第2章　器材とロープ

目的 …………………………………………………………… 36
はじめに ……………………………………………………… 37
ブロックとプーリー ………………………………………… 37
コネクティングリンク ……………………………………… 39
ロープツール ………………………………………………… 41
フリクションデバイス ……………………………………… 43
その他の器材 ………………………………………………… 45

器材の設計と強度 ……………………………… 46
　　ロープ ……………………………………………… 46
　　まとめ ……………………………………………… 51
　　確認テスト ……………………………………… 52

## 第3章　リギングノット

　　目的 ………………………………………………… 56
　　ロープの各部分の名称 ………………………… 56
　　ノット（結び）…………………………………… 57
　　まとめ ……………………………………………… 66
　　確認テスト ……………………………………… 67

## 第4章　枝下ろし　基本編

　　目的 ………………………………………………… 72
　　はじめに …………………………………………… 72
　　切って、投下する ……………………………… 73
　　切除対象物より上側にリギングポイントを設ける場合 … 74
　　ナチュラルクロッチとフォルスクロッチ …… 74
　　ロープの選択 ……………………………………… 75
　　リギングポイントにブロックを設置する …… 76
　　材を結ぶためのノット（結び）………………… 77
　　バットタイ（枝元結束）………………………… 78
　　チップタイ（枝先結束）………………………… 78
　　タグライン（補助ロープ）の追加 …………… 78
　　リギングにおける摩擦力の役割 ……………… 79
　　ポータラップの設置 …………………………… 80
　　グランドワーカーの役割 ……………………… 81
　　静荷重と動荷重 ………………………………… 84
　　まとめ ……………………………………………… 84
　　確認テスト ……………………………………… 85

## 第5章　枝下ろし　上級編

　　目的 …………………………………………………… 90
　　はじめに ……………………………………………… 90
　　ベンドレシオ(曲がり率) ……………………………… 91
　　ブロック使用時のロープ角度 ………………………… 92
　　リギングポイントを切除する枝より上方に取る場合 …… 93
　　リギングポイントを切除する枝より下方に取る場合 … 100
　　まとめ ………………………………………………… 102
　　確認テスト …………………………………………… 103

## 第6章　複合的なリギングテクニック

　　目的 …………………………………………………… 108
　　はじめに ……………………………………………… 108
　　ロードトランスファーライン ………………………… 109
　　スパイダーバランサー ………………………………… 112
　　スピードライン ……………………………………… 115
　　ノットレスリギングシステム ………………………… 121
　　まとめ ………………………………………………… 122
　　確認テスト …………………………………………… 123

## 第7章　リギング作業における力の理解

　　目的 …………………………………………………… 128
　　はじめに ……………………………………………… 128
　　リギングポイントが切除対象物より下にある場合 …… 129
　　基礎的なブロッキングテクニック(滑車を使う方法) …… 129
　　受け口、ツル、追い口 ………………………………… 130
　　高所作業車を使う場合の作業位置(ワークポジショニング) … 133
　　ブロックと動荷重 …………………………………… 133
　　リギングで掛かる力(荷重) …………………………… 133
　　エネルギー保存の概念 ………………………………… 134
　　ダイナモメーター(力量計)による落下試験 ………… 137
　　ブロッキング(断幹)を行ったときに掛かる力の軽減 …… 138

まとめ ……………………………………………… 139
　　確認テスト ………………………………………… 140

## 第8章　トップカットと重量のある材のリギング

　　目的 ………………………………………………… 144
　　はじめに …………………………………………… 144
　　リギングポイントが切除対象物より下にある場合 …… 145
　　木の先端(梢)や幹を除去する場合の
　　　ワークポジショニング(作業時の位置と姿勢)………… 145
　　断幹作業における位置エネルギー ……………… 147
　　ボアカット(突っ込み切り)の復習 ……………… 148
　　バットヒッチング(ブロッキング) ……………… 149
　　マーリンヒッチとハーフヒッチ ………………… 151
　　材が落下する距離 ………………………………… 151
　　ブロッキングを用いたスピードライン ………… 152
　　リギング時に掛かる力の復習 …………………… 153
　　まとめ ……………………………………………… 154
　　確認テスト ………………………………………… 155


　　訳者あとがき……………………………………… 158

## 資料編

　　用語集 ……………………………………………… 162
　　樹木(生木丸太)の重量表 ………………………… 172

　　確認テスト　解答 ………………………………… 174
　　参考資料 …………………………………………… 175
　　索引 ………………………………………………… 176
　　原著者紹介 ………………………………………… 180
　　訳者紹介 …………………………………………… 181

## 本書をお読みになる前に
### （日本語版編集部より）

1. 本書では「ロープ」と「ライン」を使い分けて表記しています。同じ意味のようにも思うかもしれませんが、「ロープ」は道具そのものを指しているのに対して、「ライン」はロープをブロックに通したり、張ったり、木に結びつけたりして、"使用している状態"であることを意味します。また、"目的がはっきりしている"場合も「ライン」を使います。
   例えば、「バックの中からロープを取り出す」「ラインを張って荷を持ち上げる」「スローライン、スピードライン」といったように使い分けています。

2. 専門用語の翻訳については、基本的に日本語に置き換えていますが、日本語にない言葉はカタカナで表記しています。

3. イラストは原著に使用されているイラストを忠実に使用、掲載しています。（図2.6、図2.7、図2.10右を除く）

4. 各章の最後に確認テストを用意しています。ISA原著（英語の公式版）では、このテストに合格すると継続教育活動単位（CEU：Continuing Education Unit）を取得できますが、日本語版は単位取得ができません。ISA原著では本に付いている解答用紙を切り外し、解答を記入してアメリカのISA本部に送付する（すべて英語）ことで単位を取得できますが、この書籍での申請はできません。また、繰り返し自主勉強できるように、日本語版ではATIに便宜を図っていただき、確認テストの解答を巻末に掲載することにしました。（174頁）

# 第1章

# 序論 技術と方法

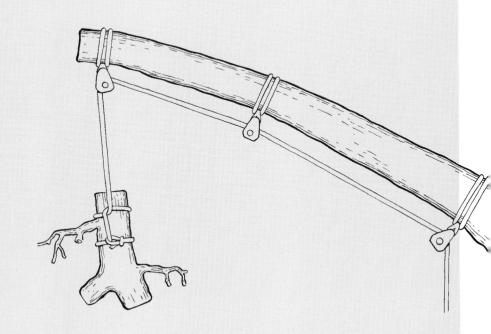

# 目 的

この章では、次のことを学びます。
- リギングの概念と専門用語。
- リギング技術の種類と選択方法。
- より安全で効率的な枝下ろしを行うための、リギング手法。

## キーワード

アイスプライス　Eye splice
アジャスタブルバランサー　Adjustable balancer
アンカーフォース (支点にかかる力)　Anchor force
アンダーカット (受け口の下側を切ること)　Undercut
移動距離　Displacement
ウーピースリング　Whoopie
ウェビングスリング　Webbing sling
受け口　Notch
エネルギー　Energy
追い口　Back cut
ガースヒッチ　Girth hitch
カウヒッチ　Cow hitch
加速度　Acceleration
技術　Technique
空洞　Cavity
クローブヒッチ　Clove hitch
サルノコシカケ　Conk
仕事　Work
重量　Weight
スピードライン　Speed line
タグライン　Tagline
力　Force
チップタイ (枝先側結束)　Tip-tie
ツル　Hinge
ティンバーヒッチ　Timber hitch

手順・方法　Method
デッドアイスリング　Dead-eye sling
トッピングカット (断幹)　Topping cut
ドロップカット　Drop cut
長さ固定のバランサー　Fixed-length balancer
ナチュラルクロッチ　Natural-crotch
根張り　Root flare
ハーフヒッチ　Half hitch
バットタイ (枝元側結束)　Butt-tie
バットヒッチング　Butt-hitching
ヒンジカット　Hinge cut
フィクストループ (固定環)　Fixed loop
フィッシングポールテクニック　Fishing-pole technique
フォルスクロッチ　False crotch
フリクションデバイス　Friction device
プルライン　Pull line
平衡 (バランス)　Balance
ベクトル　Vector
マーリンヒッチ　Marline hitch
摩擦力　Friction
ミスマッチカット　Mismatch cut
モーメント　Moment
ランニングボーライン　Running bowline
リギング　Rigging
リディレクトリギング　Redirect rigging
リフティングカット　Lifting cut

| | |
|---|---|
| ルーピースリング　Loopie | ロードライン　Load line |
| ロードトランスファーライン<br>Load-transfer line | ロープスリング　Rope sling |

# リギングとは？
## Rigging

- アーボリカルチャーにおいて"リグする(rig-ing)"すなわちリギングとは、ロープ、スリング等のリギング用器材を使って効率よく、枝の除去、樹木の解体などを行う伐採剪定技術を意味します。
- リギングの技術はアーボリストが考えだしたものではありません。それは、異業種で培われてきた原理原則や専門用語を利用・応用したものです。
- 効率よく、かつ安全に作業を行うために、アーボリストは、科学的な理論と各個人が身に付けている技術をうまく合わせて取り組まなくてはいけません。

# 樹木と現場のインスペクション (事前調査)

　クライマーは樹上作業をする前に、樹木の調査をしなくてはいけません。本来、樹木には潜在的な危険があるという想定で実際に樹木を観察すると、空洞や裂け目など、明らかな欠陥や危険を見つけることができます。

　また、注意深く観察をしないと発見できない小さなひび割れなどもあります。

　見落としやすい重大な危険の1つに根腐れがあります。多くのクライマーが、根っこに問題(腐朽)があった木で作業した結果、怪我を負ったり死に至ったりしました。この手の腐朽は、大抵見つけにくいものです。枯死していたり、大きく傾いていたりする樹木は、腐りが入っていることを疑う必要があります。また枝先が枯れている場合は、

図1.1　キノコは菌類の子実体です。キノコが生えている場合は、根や根張り部分に腐朽がある徴候です。

根が傷んでいる可能性を示しています。

- 枯死、腐れの兆候がないか、根の周りを観察してください。特に、キノコが列をなして生えている場合は、根腐れの兆候です。根元、幹部分の周りを堀り、腐朽や菌類がないか観察してください。また、大きな支持根が頑丈であるか確認することも大切です。
- 幹や樹冠も観察しましょう。もし、サルノコシカケが幹や枝に生えている場合は、内部が腐っている可能性があります。サルノコシカケは、腐朽菌の子実体だからです。
- ゴムハンマーなどで幹を叩くことで、内部が空洞かどうかを調べることができます。また、ドリルで少し削ると、空洞の広がり具合や手に伝わる感覚で樹木の状態を調べることができます。

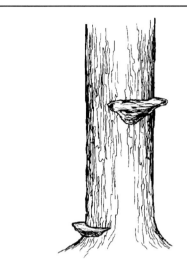

**図1.2** 樹木に生えたサルノコシカケ（菌類の子実体）は、木の内部に腐朽がある徴候です。この場合、どのくらい腐朽が進んでいるか、更に調査する必要があります。

下記の限りではありませんが、その他潜在的な危険が予測されるものとして、次の様なものがあります。

- 空洞
- 幹や枝の裂け
- ひび割れ
- 入り皮
- 落雷木
- 枯れ枝
- 蜂、その他の動物
- 電線

**図1.3** 空洞、おがくず、そして樹木（木部）の軟化は、樹木の構造的な欠陥を示しているので、クライミングや作業を開始する前によく確認しなくてはなりません。

もし、これらの危険要素が樹木に確認できる場合、作業者は作業に入る前

に次のような判断を下さなければなりません。
- その木は安全に登れるのか？
- それらの危険要素は、作業エリア内で人や物に脅威を与えないか？
- 計画したリギング作業が実施可能か？
- 誰にその危険を通知すべきか？　またどのような行動を取るべきか？

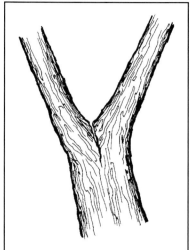

図1.4　裂けている木のまたは、構造的な欠陥であり、潜在的な危険です。

　その樹木の治療や枝下ろし作業に関して、クライマーは常に最終意思決定者であるとは限りませんが、その現場の状況評価に関して責任を有しています。チーム内のクライマーやほかの作業者の安全は、樹木全体の潜在的な危険を察知して伝える役割を担うクライマーの能力に掛かっています。
　常に安全を最優先し、命を懸けてまでやらなければならない樹木治療や枝下ろし作業はないと心得ましょう。

## プランニング（作業計画）

この項の目的は、作業計画に影響する作業手順の組み立て方を明確にすることです。

- プランニングは施業全体の方向性を示すものです。
- 現場の状況に合わせて、考えうるすべての選択肢を熟慮する必要があります。
- 作業を無事完了させるには、枝や幹の切除方法、使用器材、そして科学的根拠に基づいた計画を立てることが重要です。
- 樹木から枝や幹を除去するには器材だけでなく技術が必要です。
- 使用する器材と技術を明確にしてから、手順を定めます。
- 各自が経験を積み作業手法の選択肢が増えてくると、より安全かつ容易にそしてより効率的な作業計画を立てる能力が身につきます。木は1本1本異なり、現場ごとに作業環境も異なりますが、しっかりと確実に手順を踏むことで、計画通りに作業をこなすことができます。

# 枝や幹を切って下ろす技術

## 切って投下する

除去する枝を小さく切断し、(決められた)安全な場所に投げる。

(**訳注**：日本では安全衛生規則　第536条によって次のように定められています。「事業者は、3ｍ以上の高所から物体を投下するときは、適当な投下設備を設け、監視人を置くなど労働者の危険を防止するための、措置を講じなければならない」)

## リギングポイントが(切断対象物より)上方にある場合

切断する枝もしくは部位よりも上方にリギングポイント(作業支点)を設け、ロードライン(リギングラインとも言う)を通し、次のいずれかの方法で、切断する枝に結び付けます。

- バットタイ：切断部の近く(枝元側)に結び付けます。
- チップタイ＆ドロップ：枝先側に結び、元側を切り落とします。
- チップタイ＆リフト：枝先端側に結束し、受け口を上向きに作りグランドワーカーが引き上げられる状態にしてから、追い口を入れます。
- バランス：切断する部位が、枝元側からも枝先側からも切り落とせない場合、切断時に平衡が取れる状態で結び、切って降下させます。
- ロードトランスファーライン：第2のリギングポイントとリギングラインを設けて、切断する枝や幹に結び、2本のラインで荷重を受けて降下させます。
- スピードライン：樹冠から地上のアンカーまでラインを張る最もシンプルなシステムです。対象物(荷)は切断後スピードラインに載せて地上へと移動させます。
- リディレクトリギング：樹木に複数の

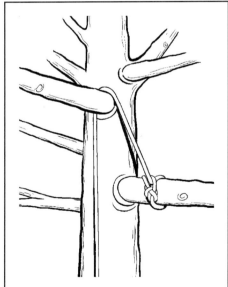

**図1.5**　最も基本的なリギング作業として、切断物をバットタイし、リギングポイントにナチュラルクロッチ(木のまた)を利用したものがあります。

支点を設けてロープを通すことで、荷重を樹木全体に分散するシステム（使用するリギングラインは1本）。切断した際の揺れを抑えることができたり、力のベクトルを変化させることで目的の降下地点に下ろせるようになります。
- ノットレス・リギング：ガースヒッチで枝に結び付けたループスリングと、アイのあるリギングラインを、コネクティングリンクで接続します。

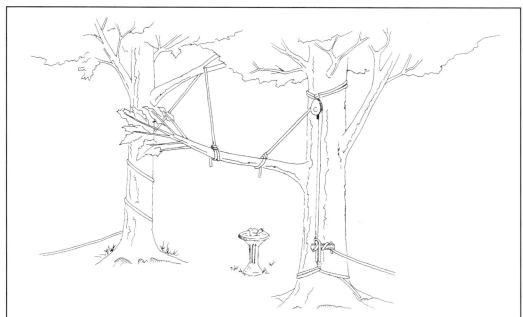

**図1.6** このイラストには、数種のリギング技術が描かれています。切断対象物の枝元側は、ランニングボーラインで結ばれており、それは、ブロックを介してフリクションデバイスによりラインの摩擦力をコントロールしています。一方、切断対象物の枝先側は、クローブヒッチ＋ハーフヒッチ2回で結んであり、ナチュラルクロッチを用い、リギングラインを幹に巻き付けることで摩擦力を調整しています。このリギングシステムは小鳥の水浴び用水盤を守るための方法ですが、その水盤は動かすことができるので、リギングが必ず必要というわけではありません。

## リギングポイントが（切断対象物より）下方にある場合

すべての枝を払い、幹だけが残った場合のように、リギングラインを切断対象物よりも上方に設置できない場合があります。
- バットヒッチング（ブロッキングとも呼ばれる）：断幹作業時によく利用されます。リギングする材の切断部分よりも上の位置にリギングラインを結び付けて、ブロックか木のまたに通した状態で断幹し、吊り下ろす技術です。
- フィッシングポールテクニック：フィッシングポールテクニックは、バットヒッ

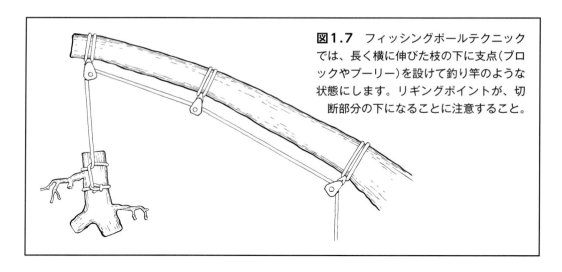

図1.7 フィッシングポールテクニックでは、長く横に伸びた枝の下に支点（ブロックやプーリー）を設けて釣り竿のような状態にします。リギングポイントが、切断部分の下になることに注意すること。

チングを更に発展させたもので、対象となる枝の下に複数のブロックを設置して（場合によっては木のまたも利用して）釣り竿のような状態にして、そこにリギングラインを通し、枝の先端から徐々に切り落としていく技術です。

- ロードトランスファーライン：2番目のリギングポイントに通した第2ラインを対象となる枝に結び、降下時は2本のラインを使用して荷重を受けます。対象物の切断時に荷重の掛からないドリフトライン、切断時に元側の動きを制御するバットコントロールラインなどの技術もあります。
- スピードライン：樹冠から地上のアンカーまでラインを張る最もシンプルなシステムです。切断した材（荷）をスピードラインに載せて地上（離れた場所）へと移動させます。

## タグライン／プルライン
### Tagline / Pull Line

タグライン（補助ロープ）は荷に結び付けて、グランドワーカーが操作します。タグラインはリギングポイントを通さず、荷下ろし用には使いません。タグラインは、揺れの制御や着地地点への誘導などに利用されるもので、他の技術と併用するもの

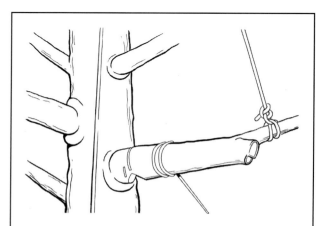

図1.8 タグラインは、揺れの制御や着地地点への誘導に利用されるもので、他の技術と併用します。

です。プルライン（けん引ロープ）は、切断部分もしくは、荷の先端近くに結ばれ、誘導したい方向への引き込みを補助するものです。

# 手 順

## リギングポイントの設置方法

### ナチュラルクロッチ　Natural Crotch

　ナチュラルクロッチはリギングポイントに木のまたを利用する方法です。この方法は、リギングポイントを素早く設置でき便利ですが、必ずしも適した場所に設置できるとは限らない上、（降下させる際の）摩擦力も不安定です。

### フォルスクロッチ　False Crotch

　フォルスクロッチはアーボリストブロックなどの器具を使用してリギングポイントを設置する方法です。フォルスクロッチは安定した摩擦力、設置の自由度など、多くの強みがあります。

- スタティックリムーバブルフォルスクロッチ：フォルスクロッチブロックはスローラインを使って、地上から設置・撤去することができます。

## リギングラインの摩擦力を制御する方法

### ラインを幹に巻き付ける

　この方法の長所、短所は次のとおりです。

- 摩擦力が不安定。
- ロープ損傷の原因となる。
- 樹木損傷の原因となる。
- 場所の変更や、解除に手間が掛かる。
- 他に器材を必要としない。

### フリクションデバイス　Friction Devices

　フリクションデバイスは材を持ち上げる能力を付加することにより、ナチュラルクロッチリギングが持つ欠点を補うことができるものです。

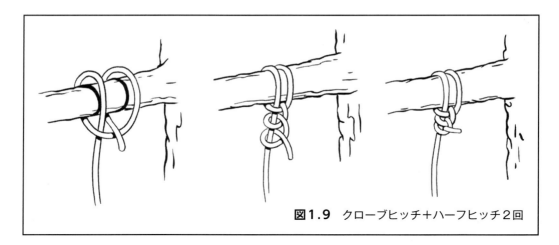

図1.9 クローブヒッチ＋ハーフヒッチ2回

## 材にどう結ぶか

### ノット　Knots

材のサイズが特に大きい場合や、動荷重が掛かることが予想される場合、"材にどう結ぶのか？"ということは重要です。支点が上にあり、材が上から吊り下げられて、揺れが制御される状態であったとしても、安全確保はとても大事なポイントですので、同時に、結びやすさと、解きやすさも考慮しましょう。普段、最もよく使われる結び方は、次の2つです。

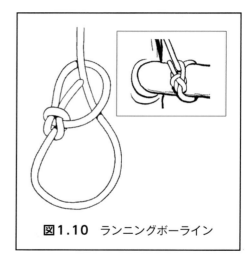

図1.10 ランニングボーライン

- クローブヒッチ＋ハーフヒッチ2回。
- ランニングボーライン。

### チョークドスプライス　Choked Splice

リギングラインの末端がアイ加工されているなら、ラインをアイに通してランニングループを作ることができます。長く横に伸びた枝を順次切断していくときなど、枝の端からループをスライドさせることができ、ランニングボーラインよりもしっかりと、簡単に結ぶことができます。

### メインの結び（プライマリーノット）と、マーリンヒッチ／ハーフヒッチとの組み合わせ
Marline Hitch or a Half Hitch in Conjunction with Primary Tie-Off knot

安全性、動荷重、材の重量が気になるときは、メインの結び（プライマリーノット）に

加えてハーフヒッチかマーリンヒッチを組み合わせると良いでしょう。プライマリーノットをメインの結びとリギングポイントの間に設けることで荷重を分散させることができます。ハーフヒッチは荷が外れたときには結び目がほどけ、マーリンヒッチは荷が外れたときにはオーバーハンドノットになります。マーリンヒッチは滑りやすい幹に好ましい結び方です。切断部分とプライマリーノットに距離がある場合には、1つ以上のハーフヒッチか、マーリンヒッチが必要です。

### ループとコネクター　Loop and Connector

ループ状のロープ（スリング）を材にガースヒッチで結び、リギングラインに何らかのコネクター（カラビナ、リンクス等）で連結します。この方法は、衝撃荷重が掛かる状況では、ふさわしいものではありません。また、コネクターにはスチール製のものを選びましょう。

- ウェビング（帯状のひも）：ウェビングループは、ガースヒッチで対象物に結びます。
- フィックストループ：スプライスしたり、結んで作ったループ状のロープを使う際は、WLL（限界使用荷重／安全使用荷重）の大きなものを選びましょう。
- ルーピー：長さが調整できるアジャスタブルロープ（ルーピー）は、システム内に生じるたるみを取る際に便利です。

## 器具の取り付け方

### デッドアイスリングを利用したティンバーヒッチ／カウヒッチ
Dead-Eye (Single-Eye) Sling with Timber Hitch or Cow Hitch

ロープの片側をアイ加工したスリングはコネクターリンクを介さずに簡単に器具を取り付けられます。ティンバーヒッチか、カウヒッチで木に結びます。

### ルーピー　Loopie

調整式ループスリング（アジャスタブルロープスリング）です。ガースヒッチで幹に結び、たるみが出ないよう整えるのに便利です。

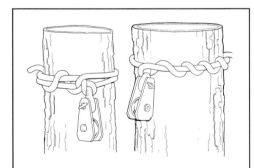

**図1.11**　アーボリストブロックは、カウヒッチ（左）やティンバーヒッチ（右）で木に結束します。このとき、カウヒッチがほどけないように、バイト（ロープで形作られる円弧や湾曲部）の逆向きにハーフヒッチを結びましょう。

### ウーピー　Whoopie
　ウーピーは器具を木に取り付けるための（スリングの長さが）調整可能なロープスリングです。（図2.12参照）

### フィックスループ（ロープ、ウェビング）
### Fixed Loop (Rope or Webbing)
　ロープやウェビングのフィックスループを使用する場合は、作業システムの中によく大きなたるみが生じるので、さまざまなサイズのものを用意してその中から適切なものを選んで使うようにしましょう。

### チェーン、チョーカースリング　Chains and Choker
　チェーンやアイ付きのワイヤロープ（チョーカースリング）は樹上作業での酷使に対し耐久性は高いのですが、フィックスループのような調節機能は乏しいです。また、強靭ではありますが伸縮性がないため、ロープに比べて支点に掛かる力がかなり強くなります。

### コネクターを追加することに関して　Connector
　作業システムにコネクターを増やすことは、弱い接続部分が増えることになるので、注意を払いましょう。特にカラビナ等を使用する場合は、使用限界を超えないよう、十分に注意します。

## バランシングの方法　Balancing
　対象となる枝の下に家屋などの障害物がある場合などは、小さく数回に分けて切るよりも、大きな部位を数本のロープを用いて一度に切り下ろす方が、より安全、簡単で効果的です。この場合、対象となる枝の先や元側が下がらないように、枝の両端を結束するなどしてバランスの取れた状態にします。移動の際はタグライン（補助ロープ）などを使用して、着地点に誘導します。

### リギングラインのみを使用したバランシング
　この方法は多くの経験が必要です。1本のリギングラインで枝のバランスの取れる位置に結ぶ技術です。バランス良くセットできなかった場合は、枝の末端が大きく揺れ動いてクライマーや屋根に危険が及ぶ可能性があります。

## 2本のロープを使ったバランシング

2本のロープを、別々のリギングポイントに通すか、または1つのリギングポイントに設置した2連ブロックにそれぞれのロープを通します。1つは枝先側に、もう1つは枝元側に結びます。結び付ける位置が悪いと切断時に枝が揺れ動いてしまうので注意します。

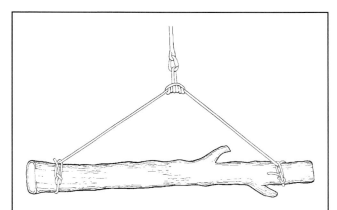

**図1.12** これは、プルージックと頑丈なスチール製のリンクスを利用してリギングラインと連結するシンプルなバランサーです。プルージックは釣り合いのとれる場所に結びます。プルージックに使用するコードは、最低でも取り付けるロープよりも直径1/8インチ（約3.2㎜）以上細いものであること。

## 長さを固定したバランサー

短いロープを用意してその両末端を切除する枝の両端にそれぞれ結束し、そのロープの中央部分をリギングラインと連結します。このとき、プルージックを使用してバランサーとつなげば、角度の調整が可能になります。また、脚（結んだ部分から連結部分までを指す）の長さが調整できる場合は、更に多様な調整が可能となります。ウーピースリングや2本以上の調整可能な脚を持つバランサーがあると便利です。

# フローティングアンカー
## Floating Anchor

現場で例えばスピードラインを設置したり、木をある方向から引き寄せたい場面で、「この場所にボトムアンカーを設置したいけど、適当な樹木がない……」という場合があります。そんなとき、もし2本の木が立っていればその間にフローティングアンカーを設置することができます。これは安全面にも関係することであり、例えばフローティングアンカーを設置することで、荷を下ろす場所から離れた安全な場所に作業者を配置することが可能になります。

図1.13 チェーンソーで大きな枝を切除する際、3段階ドロップカットを使うと、枝を切り落とす際にガイドバーが挟まれ、チェーンソーが引き込まれて一緒に持っていかれてしまうことがあります。この問題は、上側と下側の切り口を一致させることで防ぐことができます。

# 切断方法

## ドロップカット　Drop Cut

- これは、昔から大きな枝を切除する際、アーボリカルチャーの剪定テキストで推奨されている伝統的な3段階切りです。（通常は幹から少し距離を置いて）最初に下側から切り込みを入れ、次に上側から切り込みを入れて切り落とします。最後に残った部分を元から切って仕上げます。
- この技術は、チェーンソーが使われる以前から行われてきました。
- 大きな枝をチェーンソーで切る場合、上側の切り口と下側の切り口にずれが生じることがあります。このときチェーンソーが引き込まれてしまう場合がありクライマーが危険にさらされます。これを防ぐためには、上方と下方の切り口を一致させることが重要です。

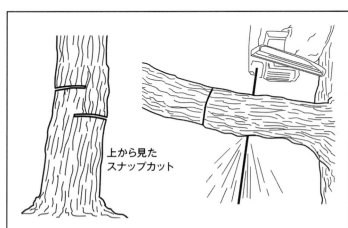

図1.14 スナップカット（ミスマッチカット）は、2つの切り込みが少し重なるようにチェーンソーを入れて、手で枝を折ります。

## スナップカット
（ミスマッチカット）
Snap Cut or
"Mismatch Cut"

- リギングロープが不要な比較的小さな枝を処理する場合に便利な切り方です。
- スナップカット（ミスマッチカットとも呼びます）の手順は、最初の切れ目は枝の直径の半分以上入れ、次に反対側から段差をつけて（最初の切れ目から数インチずらして）切り込みます（切れ目の距離は、大きな枝ほど広く取ります）。2つの切り込みは重なっていますが、樹木自体の繊維が弱くなっていない限り折れることはありません。チェーンソーを止めて、手で枝を折ります。
- この方法は太い枝を切除する際の仕上げ切りにも応用できます。

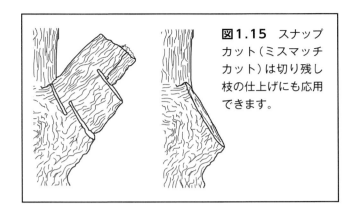

図1.15　スナップカット（ミスマッチカット）は切り残し枝の仕上げにも応用できます。

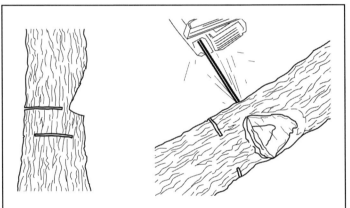

図1.16　ヒンジカットは、枝を横に振って落とす位置をずらすことができる便利な切り方です。斧目を入れることで、繊維が裂けるのを防ぎます。

## ヒンジカット
Hinge Cut

- ヒンジカット（ツルを利用した切断方法）は、基本的な伐採技術の1つです。受け口、追い口でツルを作り、枝の落とす方向を調整します。これは、ただ枝を真下に切り落とすだけでなく、枝を横に振ってずらすことにも使えます。
- 枝を吊り下げるリギングラインの位置が悪いと、クライマーが狙った方向に枝を

振る前にツルがちぎれて落ちてしまう危険があります。また、枝の角度を考えず不用意な角度でツルを作ると、枝を横に振る前にツルがちぎれてしまうでしょう。
- 残す枝元部分の損傷を防ぐためにも受け口の横にカフカット（斧目）を入れることが推奨されています。

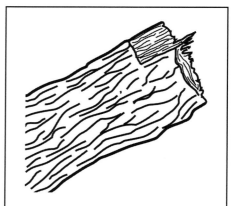

図**1.17** 受け口の横にカフカット（斧目）を入れるのは、繊維の裂け上がりや、残す枝の損傷を防ぐためです。

## リフティングカット　Lifting Cut

- リフティングカットはヒンジカットの応用です。対象の枝先にリギングロープをセットして、ツルを効かせながら引き寄せる手法です。受け口はリギングする枝の上部（上向き）に作ります。追い口を切り終え、枝を引き上げて受け口が閉まるとツルが切れます。これは対象物のコントロールがしやすく、枝の揺れを抑えてゆっくりと下ろすことができます。常にリギングラインは張った状態にしておき、チェーンソーが挟まれるのを防止しましょう。
- 受け口の大きさをどのくらいにするか見極めることも重要です。小さすぎると、ツルが切れる前に受け口が閉まってしまいます。枝が水平よりも上方を向いている場合、まず水平に切り込みを入れて、次に枝に対して垂直に切って、クサビ形の受け口を作ります。残す部分の損傷を防ぐために横側にカフカットを入れておくと良いでしょう。

## トッピングカット(断幹)
Topping Cut

- 受け口の角度は、対象木の傾き具合によって変わります。垂直に立っていれば、70度が望ましいとされていますが、強く傾いている場合は、70度以下が妥当です。追い口を入れて倒れた木が水平になったときにツルが切れることが理想的です。受け口を45度にすると、ツルが切れるときの反発力と、それと同時に生じる曲げモーメントが最大となり、その結果、幹に相当な揺り戻しが発生します。
- ツルの厚みは、てこの力をどれだけ使うかによって決まります。最初に手ノコで、追い口の切り込み位置を印しておくことは、作業者が受け口位置を確認する手間

を省くことができるので、とても良い方法です。通常は、受け口の反対側から追い口を切っていきますが、樹木が極端に傾いている場合は、突っ込み切りを行います。

- 受け口の少し下の横側にカフカット（斧目）を入れることは、クライマーのロープやランヤードを巻き込むことにつながる樹木の裂けを防ぐためにも、強く推奨されています。
- プルライン（けん引ロープ）を使用することで、てこの力を利用したり倒す方向をコントロールすることができます。ただし、プルラインを張り過ぎたり、早く引いたりすると、反発力が増大して樹木を揺らすことがあるので、注意して行いましょう。

**図1.18** トッピングカットは、通常の伐倒の応用であり、安全なワークポジショニングはもちろん、基本に沿った手順で行います。クライマーのタイインポイント（確保位置）まで木が裂けるのを防ぐために、横にカフカット（斧目）を入れます。

# リギングの科学

　新しい器材、道具や技術の使用限界、さまざまな状況で予想される負荷、倍力システム、ロープの選択、結びと操作方法などを理解するには基本的な科学的概念（理論）を理解していることが必要です。

　多くの場合、リギングで使われる用語自体はいたって簡単なのですが、工学的な定義とはズレがあり、理解する上で注意が必要ですが、科学的な定義を見直して復習することは、機器の仕組みや作業システムを理解して運用する上で、その助けとなることでしょう。

## ベクトル　Vector

- ベクトルとは、大きさと向きをもった量という意味があります。図に矢印として表しています（長さと方向）。
- 作用する方向性が同じ場合のみ、その大きさを足すことができます。また、三角法を使って、水平（X軸）と垂直（Y軸）に力を分解してからそれぞれを足すこともできます。
- 力とは、まさにベクトルのことであり、力の量と方向を把握することでどのような力が掛かるのかを判断できます。

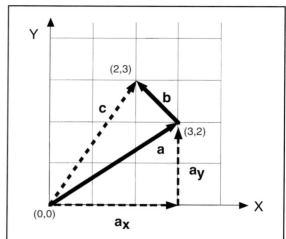

**図1.19**　力がどのように水平と垂直に分解されるかを図式化したもの。$a = a_x + a_y$ となり、どのようにして $a + b = c$ となるのか示しています。

## 力　Force

- 力は1つの物体が他の物体に及ぼす作用で、ベクトルで表すことができます。
- 力はメートル法ではニュートン（N）、英国式では重量ポンド（lb）で表します。
（1キロニュートン＝1,000ニュートン＝225重量ポンド）
- 例：ロープや切断中にノコが挟まった枝を引っ張るとき、ロープに掛かる力はラインに沿った方向に掛かっていることに注意しましょう。

## 重量　Weight

- 重量は地球と物体との間に生じる引力（重力）の大きさを表しており、常に下方に作用します。
- 質量の単位はキログラムで表されますが、重量は重力の大きさ（すなわち力）の単位ですからN（ニュートン）で表されます。質量1キログラムの重量は9.8ニュートンとなります。$1 (kg) \times 9.8 (m/s^2) = 9.8$ ニュートン
（$9.8 m/s^2$ は地球上の重力加速度）

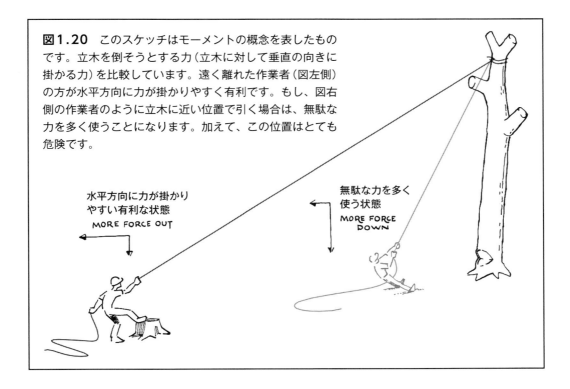

**図1.20** このスケッチはモーメントの概念を表したものです。立木を倒そうとする力（立木に対して垂直の向きに掛かる力）を比較しています。遠く離れた作業者（図左側）の方が水平方向に力が掛かりやすく有利です。もし、図右側の作業者のように立木に近い位置で引く場合は、無駄な力を多く使うことになります。加えて、この位置はとても危険です。

## 摩擦力　Friction

- 摩擦力は接する2つの物体が動くときに発生する力で、動きとは反対の方向に作用します。
- 摩擦力があるおかげでアーボリストは樹上作業ができます。クライミングロープをフォルスクロッチで設置するかどうか、またロープの結び方によって摩擦力の掛かり方は大きく変わってきます。
- 例：箱を右方向に押し出したとき、摩擦力が左方向（進行方向と逆向き）に作用しています。

## モーメント　Moment

- モーメントとは物体に回転を生じさせる力の働きです。ある点を中心とし、そこを軸にして離れた点で力が作用すると、モーメントの働きによって回転運動が起こります。
- モーメントの大きさは、加えられた力とその場所から中心点までの距離によって決まります。モーメントはそれらの力を合成したものです。距離方向から見て垂直に向かう力の成分だけを有効とします。

- モーメントはたとえ小さな力でも、回転軸から作用点の距離が長ければ長くなるほど大きな力を生じます。このことは木を引っ張るときには優位に働きますが、クライミングや、リギングには不利となります。
- 例：シーソーで同じ体重の人が中心から同じ距離の場所に乗れば、平衡を保ちますが体重(力)か、距離を変えると均衡が崩れてシーソーが傾きます。

## 仕事　Work

- 仕事とは物体をある距離だけ動かしたときに使われた力です。
- 仕事量は力の量と移動距離を掛けたものです。力と距離は、どちらもベクトルであることから、物体が移動して何らかの仕事が行われた際、同じ方向に働く力の要素のことです。
- 例：50N(ニュートン)の力である物体を2m動かすと、50(N) × 2 (m) = 100ジュール(J)の仕事をしたことになります。

## エネルギー　Energy

- エネルギーは仕事に潜在しているものです。仕事をすることは、システムにエネルギーが伝わるという意味です。
- クライマーにとって、動的・弾性・位置・熱エネルギーの4つは重要な要素です。それらは物体の動き、ロープの伸び、地上からの高さ、温度の各々に関連しています。
- エネルギーは別の形に変換することができますが、エネルギーの総量はその過程で減少することはありません(力学的エネルギー保存の法則)。例えば、落下した物体は位置エネルギーは減少しますが、運動エネルギーを得るため、その和(総量)は常に一定となります。
- 例：樹上で切り取られた枝や幹のもともと持っている位置エネルギーが、落下するときに動的エネルギーとなり、ロープが伸びるときに弾性エネルギーに変換され、最終的に、ロープがローワリングデバイスを通過する際に熱エネルギーに変化します。

## 加速度　Acceleration

- 加速度は物体の速度の変化の度合いを示すものです。
- 重力によって生じる加速度つまり重力加速度は、$9.8 m/s^2$です。

- ニュートン第2の法則(運動の第2法則)には、(加減速問わず)物体の速度を変えようとするには力が必要であり、その力の大きさは加速度に比例すると述べられています。なお、静止している物体の重量(N)とは、それ自体の質量(kg)に重力加速度($9.8m/s^2$)を掛けた量を指します。
- 例:リギング作業において、加速度が増すと、比例して衝撃荷重も大きくなります。荷の動きを急に止めるよりも、ゆっくりと止めた(速度を変えるのに時間を掛けたか、加速度が小さい)方が、システムに掛かる力は、はるかに小さいということです。リギング経験のある作業者は、このことをよく分かっているはずです。

## アンカーフォース(基点に掛かる荷重) Anchor Force

- 物体が加速していないとき(静止しているか、一定の速度であるとき)は、力を受けていない状態です。(慣性の法則)
- アンカーに掛かる(ベクトルも異なる)さまざまな力を全て計算して、荷重を算出します。
- 例:通常、リギングブロックには、スリングからの上方への反発力、また、リギングラインのランニングエンドとワーキングエンドに等しく掛かる下方への力、合計3つの力が掛かっています。これらの力は、足されて0になります。つまり反発力はリギングラインに掛かる荷重の2倍になります。

# まとめ

　リギングは、樹木管理作業でよく使われる複雑な作業です。それには、基礎がしっかりとしたクライミング技術と、切断技術が必要とされます。加えてアーボリストには、枝下ろし作業などにおいて、基本的な力学の理解も必要です。アーボリストは、多くのリギング技術を学びつつ訓練と経験を積み重ねることで、ゆくゆくは技術を融合してロープや器材を使いこなし、ほとんどの樹木でリギング作業ができるようになります。

# 第1章 序論 技術と方法 確認テスト

解答を、それぞれ1つずつ選択して下さい。解答は巻末(174頁)にあります。

1. バランシングとは _____ である。
    a. リギング技術
    b. リギングツール
    c. リギング方法
    d. 科学的概念

2. バットヒッチングは _____ 。
    a. アーボリストブロックとポータラップが必要
    b. マーリンヒッチとランニングボーラインを結ばなければならない
    c. 動荷重が掛かるため、避けるべきである
    d. タグラインまたはロードトランスファーラインと併用することが可能

3. 材を地面に下ろすための技術の選択は _____ による。
    a. チェーンソーのバーの長さ
    b. その日にトラックに積まれているロープ
    c. 使用される器材
    d. 材に結ばれているロープの数

4. ロードトランスファーラインは _____ 。
    a. アンカーは切除する材の上になければならない
    b. いくらかの負荷が掛かっている2本目のリギングラインである
    c. 別の技術と併用することができない
    d. システム内の負荷を決めるものである

5. ナチュラルクロッチリギングは _____ 。
    a. アーボリストにとって最も便利な場所にラインを設置できる
    b. ロープや形成層に損傷を与えることがある
    c. 低摩擦であり、動荷重を低減する
    d. bとcの両方

6. ブロックを設置するときに考慮すべき重要な点は _____ である。
   a. 幹にしっかりと固定すること
   b. 迅速な調整のためにウーピースリングを使用すること
   c. リギングラインと同等な強度のスリングを使用すること
   d. 荷重を掛けても過度に締め付けられないように結び目は緩く締めること

7. クローブヒッチで枝を結ぶときは _____ 。
   a. 常にスタブ（枝切跡）の上に結ぶ
   b. 結びが"緩みやすい"ので、簡単に解ける
   c. 常にワーキングエンドをスタンディングパートにハーフヒッチで結ぶ
   d. 遠くのまたでも簡単に結ぶことができる

8. プライマリーノットと併用されるマーリンヒッチは _____ 。
   a. 安全性を増す
   b. プライマリーノットに掛かる負荷を軽減する
   c. 材の周りに巻かれているオーバーハンドノットである
   d. 上記すべて

9. 手作業で木の小さな部分を切る際、便利な方法は _____ である。
   a. ドロップカット
   b. ジャンプカット
   c. スナップカット
   d. ヒンジカット

10. 枝を取り除くため伝統的に使用される3ステップカットは _____ とも呼ばれる。
    a. ドロップカット
    b. ジャンプカット
    c. ヒンジカット
    d. トッピングカット

# 第 2 章

# 器材とロープ

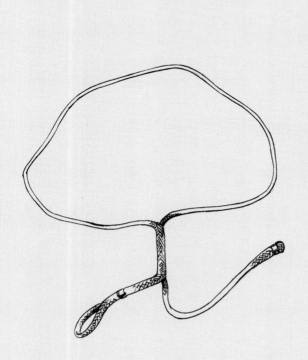

# 目 的

この章では、次のことを学びます。
- アーボリカルチャーリギングに利用する器材の特徴。
- リギングに使用する器材の利点と強度、および適切な使用の判断や基準について。
- ロープの構造的な特徴が、リギングラインの性能や強度にどのように影響するかについて。
- 安全率と限界使用荷重（WLL）の概念、および安全率がWLLに与える影響について。

## キーワード

3ストランドロープ　3-strand rope
12ストランドロープ　12-strand rope
16ストランドロープ　16-strand rope
アーボリストブロック　Arborist block
アイツゥアイスリング（両端にアイがあるスリング）　Eye-to-eye sling
安全率　Design factor
ウーピースリング　Whoopie
ウェビングスリング　Webbing sling
ウォーターノット　Water knot
カーンマントル　Kernmantle
カラビナ　Carabiner
キーロック　Key lock
クレビス（シャックル）　Clevis
限界使用回数　Cycles to failure
限界使用荷重（WLL）　Working load limit
コネクティングリンク　Connecting link
シーブ　Sheave
シャックル　Shackle
スクリューリンク　Screw link
スクリューロック　Screw lock
ストランド　Strand
スリング　Sling
繊維　Fiber

ダブルブレイド　Double braid
ダブルロッキング　Double locking
デッドアイスリング（片端にアイがあるスリング）　Dead-eye sling
動荷重　Dynamic loading
ノッチゲート　Notch gate
破断強度　Breaking strength
破断張力　Tensile strength
ビアーノット　Beer knot
ビレイデバイス　Belay device
フィックストアイ　Fixed eye
フィックストループ　Fixed loop
プーリー　Pulley
ブッシュ　Bushing
フリクションデバイス　Friction device
プルージックマインディング　Prusik-minding
ブロック　Block
ベアリング　Bearing
ベケット（プーリーにおけるもう1つの取り付け部）　Becket
ベンドレシオ　Bend ratio
ポータラップ　Port-a-wrap
ボラード　Bollard
ホローブレイド　Hollow braid

| | |
|---|---|
| ヤーン　Yarn | ルーピースリング　Loopie |
| ラチェット式ボラード　Ratcheting bollard | ロードバインダー（荷締め機）　Load binder |
| ランニングボーライン　Running bowline | ロープバッグ　Rope bag |

# はじめに

　日々新しい器材が開発されています。あるものは他業種の器材を改良し、またあるものは樹木管理専用に設計されたものです。アーボリストはリギング器材に多くのことを求めるため、正しい使用方法や設計限界を知っておかなくてはなりません。作業に合うものを選ぶためにも、器材の利点と強度をしっかりと理解しましょう。

# ブロックとプーリー
## Blocks and Pulleys

　木のまたに直にロープを掛けることに比べてブロックを使用するとロープに掛かる負荷が減り、動荷重を減少させることができ、また樹木へ与える損傷も少なく済みます。

### ベアリングとブッシュ　Bearing vs. Bushing

　プーリーの回転シーブには、摩擦軽減のためにベアリングもしくはブッシュが使用されています。ベアリングはブッシュよりも摩擦は少ないのですが、埃に弱く、動荷重が掛かる状況を想定して作られていません。このことから、ほとんどのアーボリストブロックはブッシュタイプとなっていますが、レスキュープーリーはベアリングを使用していることが多いです。

### アルミ製とスチール製　Aluminum vs. Steel

　ブロックやプーリーは、スチールやアルミ、またその組み合わせで構成されています。この組み合わせは重さと強度の兼ね合いで最良となるように考えられています。なぜなら、これらのブロック類は、動荷重、強度、金属疲労などの影響を受けるからです。

## アーボリストブロック
Arborist Block

アーボリストブロックとは頑丈に作られたプーリーのことで、リギングロープ用の大きな回転シーブと、ロープスリングを付ける小さな固定シーブを持っています。その起源は工業用のスナッチブロックで、それをアーボリスト用に設計し直されたものです。特筆すべき点として、サイドプレート（チークプレート）がシーブよりも広く、そのことがロープの摩耗を防いでいます。

**図2.1** 耐久性のあるアーボリストブロック。チークプレート（サイドプレート）がメインシーブよりも広いことで、ロープの摩耗を防ぎます。

## レスキュープーリー　Rescue-Type Pulley

レスキュープーリーはリギングポイントが荷の上方にある静荷重リギング用に設計されており、荷重量がはっきりしていることと、抵抗が少ないことが使用条件となります。重量物や動荷重用ではありません。

- シングル：1つのシーブ、2枚のサイドプレート、取り付け位置が1カ所。
- ダブル：2つのシーブ。
- ベケット：2つ目の取り付け位置があるもの。

**図2.2** シングルシーブ・レスキュープーリー。サイドプレートがベアリングを中心に回転するので、ロープ設置時に末端からでなく、中間部から通すことができます。

**図2.3** ダブルシーブ・レスキュープーリー（ベケット付き）。ベケット側の平坦な形状は、プルージックマインディングプーリーとも位置付けられます。

- プルージックマインディング：ロープに結ばれたプルージックがプーリーを通過する際、シーブに引き込まれないように工夫されているものです。この機能は倍力システムを構築する際に重要となります。

# コネクティングリンク
## Connecting Links

　毎回ロープでノットを作って結ぶよりも、接続器具を使うことで作業をスピードアップできます。ただし、ほとんどの接続器具は、断幹やトップカットなどの動荷重が掛かる作業を想定して設計されてはいないので、これらの作業での使用は避けましょう。

### アルミ製とスチール製　Aluminum vs. Steel

　アルミ製は、その軽さからクライミング時に好まれますが、スチール製はアルミ製よりもはるかに高い強度と耐久性を持っています。重量物を扱ったり、繰り返し使用する場合、また動荷重が掛かる可能性があるリギングには、スチール製の接続器具を選択しましょう。

　接続器具を選択する場合、接続する物の相性を考慮することが大切です。例えば、金属と金属を接続するよりも、ロープと金属をつなぐ方が望ましいでしょう。また、お互いが接触する範囲も検討しましょう。例えば、1/2もしくは3/4インチのロープを3/8インチのカラビナに使用すると、ロープが過度に折り曲げられ、作業システムが著しく弱いものになります。

### スクリューリンクス　Screw Links

　スクリューリンクス（クイックリンクス）は、頻繁に開閉を行わない場合の接続に使います。スクリュー式は、コンパクトなサイズの割に強度がありますが、他のスクリュー式接続器具と同様に予期せず開いてしまう場合があります。どのような場合でも、ロープがスクリューゲー

図2.4　スクリューリンクスをリギングに使用する際は、予期せず開閉部が開きロープが外れてしまうことがあります。スクリューが確実に締まっているか確認しましょう。

ト（開閉部）に触れた状態で使用することは避けなくてはなりません。スクリューリンクスはスクリューカラビナと違い、レンチを使用して固く締め込むことが可能です。

## シャックル　Shackles

シャックルはクレビスとしても知られ、工業用索具として一般的です。シャックルは、サイズが豊富で大きいサイズも簡単に手に入るため、大きいスクリューリンクスが利用できないときの良い代替品となります。使用する際の制約は、スクリューリンクスに準じます。

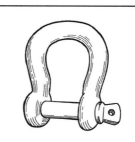

図2.5　リギング作業時、シャックル（クレビス）のピンにロープが当たらないように設置します。

## カラビナ　Carabiners

### ノッチゲートvsキーロック
### Notch Gate vs. Key Lock

カラビナのゲート（開閉部）を開くと、切れ込みが付いているものと、なめらかな形状をしているものがあります。後者の方をキーロックと呼び、カラビナのゲート部分にロープが引っ掛かることを防ぎます。

### スクリューロックvsダブルロック
### Screw Lock vs. Double Locking

クライミングでカラビナを使用する際は、自動で閉まるダブルロック機能（ゲートを開けるのに、2つの動作を必要とする）を持つものを使用しなくてはなりません。これは良い機能ですが、リギングにおいては必ずしも必要ではありません。ロープや木の枝等がゲートに接触しない場合はスクリューカラビナを使用できますが、使用前に開閉部が確実に締まっていることを確

図2.6　ダブルオートロック変形D型カラビナ

図2.7　HMS型カラビナ

図2.8　ダブルオートロック洋ナシ型カラビナ　押し上げ（下げ）ツイストロックタイプ　ノッチゲート

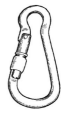

図2.9　ティアドロップ型セミキャプティブアイ式スクリューロックタイプ

 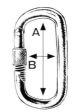

**図2.10** ゲートの設計が違う2つのカラビナ。左側の切れ込みがあるノッチゲートカラビナは、ロープが引っ掛かることがありますが、右のなめらかな形をしたキーロック型は、それを防ぎます。

ノッチゲート　キーロック

**図2.11** 長軸方向(A)と短軸方向(B)　荷重は必ず長軸方向に掛けること。

認しましょう。

### 洋ナシ型、D型、変形D型、アイ付型　Pear, D, Modified D, Fixed Eye

　カラビナは常に長軸方向に荷重されなくてはなりません。絶対にゲート開閉部（短軸方向）に荷重してはいけません。ロープやその他の器材を正しく配置するためにも、適正な形のカラビナを選択しましょう。カラビナの一般的な形は、洋ナシ型、D型、変形D型、もしくはオーバル型です。また、独立したアイを持つものもあります。

## ロープツール
## Rope Tools

　結びやスプライス（ロープを編んで輪を作ったり、つないだりすること）を利用して、ロープ自体をさまざまな道具に作り変えることができます（ロープツール）。最近では、その強度と便利さからリギングシステムに多用されています。

### ウーピースリング　Whoopie

　ウーピースリングはスプライス可能な中空のホローブレイドで作られており、ロープを自身の中空部分に通して作られたものです。荷重が掛かると、チャイニーズフィンガートラップのように、中空部分に通されたロープを外側のロープが締めつけます。また、ウーピースリングは片方の末端にアイを持ち、もう一方にサイズ調整が可能なループを持つものです。アイ側に器材を接続し、ループの部分をガースヒッチで木の幹などに結び付け固定します。

## ルーピースリング　Loopie

ルーピースリングは、ホローブレイドで作られた、サイズ調整が可能なループです。

## デッドアイスリング（１つのアイを持つスリング）
Dead-Eye Slings (One Eye or Single Eye)

片側だけアイ加工されたスリングをデッドアイスリングと言います。これは、フリクションデバイスやブロックを樹木に取り付ける際に使用します。その他スピードラインのフローティングアンカーや、大きな枝のバランスを取るラインなど、多くの場面で利用されます。

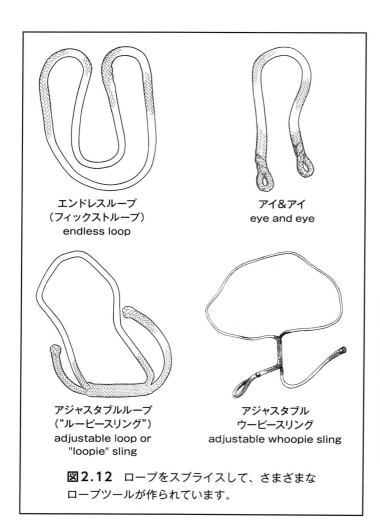

図2.12　ロープをスプライスして、さまざまなロープツールが作られています。

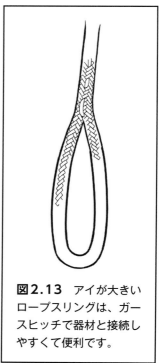

図2.13　アイが大きいロープスリングは、ガースヒッチで器材と接続しやすくて便利です。

## アイツーアイ（アイ＆アイ、両端にアイを持つスリング）
Eye-to-Eye (Eye and Eye)

　両端にアイのあるスリングをアイツーアイと言います。ロープ径の太いものは枝のバランスを取る作業に便利です。細いものはヴァルドテイントレス（Vt）を結ぶのに便利です。これを応用して、アイの大きさや長さの調整が可能なアイツーアイ・スリングを作ることもできます。

## フィックストループ　Fixed Loop

　ループ状に加工されたロープツールです。エンドレスループとも呼ばれ、スプライスしたものや、ダブルフィッシャーマンズベンドなどでつながれたものがあります。クライミング時の手掛かりや足場、リギング作業時にプルージックやガースヒッチを使用して幹や枝に結ぶ際にも使用されます。

# フリクションデバイス
## Friction Devices

　フリクションデバイスとは切った枝を樹木から下ろす際、摩擦力を利用して、荷重をコントロールする器材です。歴史的に見ると、アーボリストたちは、もともとはリギングロープを木に巻き付けることで摩擦力を得ていました。しかし、樹木はいつも同じ状態ではありませんので、これをうまく行うには経験が必要でした。また、木に巻き付けるために両手いっぱいになるほどの長いロープが必要になり、これを持ち運ぶのは容易ではありませんでした。フリクションデバイスは、樹木作業専用として設計されており、木にロープを巻き付けることに比べ、明らかにコントロールがしやすくなります。

　なお、レクリエーショナルクライミン

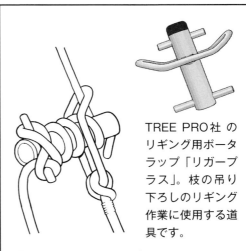

TREE PRO社のリギング用ポータラップ「リガープラス」。枝の吊り下ろしのリギング作業に使用する道具です。

**図2.14**　ポータラップ。筒の短い方にロープの中間部分を通し、その後長い方に向かって巻き付け、必要な摩擦力を発生させます。

グで使われているビレイデバイスは多くありますが、それらは、人の体重を確保するために設計されたもので、衝撃荷重を考慮してはいません。

## ポータラップ　Port-a-Wrap

　ポータラップは樹木作業専用として設計され、軽量で持ち運びに便利な、リギングに使うフリクションデバイスです。スチール製とアルミ製があります。スリングで樹木に固定し、摩擦力を得るために、リギングラインを本体の筒(ドラム)に巻き付けます。(巻き付ける回数が多ければ摩擦力は強く、少なければ弱くなります)

## フィックスドラムボラード　Fixed-Drum Bollard

　樹木作業においてのボラードとは、リギングロープを巻き付ける樹木に固定された筒(ドラム)のことです。大きな直径の物は、ロープの曲がりが少なく、リギングロープの強度を弱めずに済みます。この器材は、重量物を扱う場合、ポータラップより適切な器材となります。中には、冷却装置によって熱を分散させるデバイスもあります。

## ラチェットボラード　Ratcheting Bollard

　ボラードタイプのローワリングデバイスの中にはラチェットシステムを付属しているものがあり、リギングロープの緩みを取ったり、荷を吊り上げることができます。ホッブスのローワリングデバイスは、その良い例です。

## グッドリギングコントロールシステム
Good Rigging Control System (GRCS)

　GRCSは、樹木固定用のマウントを持つセルフテイリングウインチです(手動ウインチ)。このウインチは強力で効率的に荷を巻き揚げることが可能です。また付属のアルミ製ドラムと交換する

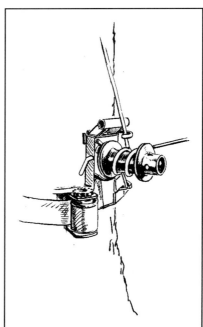

図2.15　ローワリングデバイス。ラチェットボラードを使い、リギングラインを張ったり、枝を持ち上げたりできます。

ことによってポータラップのように使うことができ、摩擦力のコントロールや、衝撃荷重が加わる作業に使用されます。これはウインチの損傷を防ぐことにつながります。

　ちなみに、材が落下する際に生じるエネルギーは、リギングロープが伸びて吸収するよりもフリクションデバイスで熱に変換することで分散しています。したがってアーボリストは、リギングロープがフリクションデバイスの金属表面上を滑ることで熱を生じ、ロープが熱で損傷する可能性があることを念頭に置かなくてはなりません。ボラードの中には、使用時に熱を持たないよう、冷却装置を備えたものもあります。

## その他の器材

### ウェビングスリング　Webbing Slings

　ウェビングとは帯状のひものことで、スリングとして利用されます。これを縫い付け加工や結んでループ（輪）にしたものもあって、さまざまなサイズがお店に並んでいます。ウェビングにはテープと管状（中空）の２つのタイプがあります。チューブラーウェビング（管状の帯）をループにするときはウォーターノットもしくはビアーノットで結びます。スリングの強度は、素材、輪の形状（縫い合わせ、結び）、使用方法によって決まります。例えば、真っすぐ引くときの強度を100％とすると、ガースヒッチを使用すると80％になり、バスケットヒッチで物体をスリングの両端で揺りかごのように結んだ場合、強度は２倍（200％）になります。

### チェーン、チョーカー　Chain and Chokers

　チェーンやワイヤロープチョーカーは、ワイヤの取り回しが不便であり、樹木作業専用に設計されたものではありませんが、強度があります。また、伸び率が低いため、動荷重がロープのときと比べてはるかに大きくなり、樹木に損傷（過度に締めつけて傷つけるなど）を与える懸念があります。

### ビレイデバイス　Belay Devises

　アーボリストはロッククライミング用とは異なるビレイデバイスを使用しています。ロッククライミング用のビレイデバイスは、一般的に人の体重程度の小さい荷重を想定して作られており、カーンマントルロープ向けとなっています。これらはリギング作業には適切ではありません。

## ロードバインダー　Load Binders

　高荷重に耐えうるロードバインダーは、リギング作業の際、弱っていたり問題がありそうな幹の補強に使用できます。これらは、ウェビングやスチールチェーンをラチェットするのにも使われます。

## ロープバッグ　Rope Bags

　ロープを収納する際、従来は束ねてまとめていましたが、近ごろはロープバッグを使用することが一般的になってきています。ロープバッグを使うことで、ロープをきれいに保ち、絡みを少なくし、現場が整頓されます。バッグはさまざまな大きさ、形状、素材から選択が可能です。

# 器材の設計と強度
## Design and Limitation of Equipment

　安全で効率的なリギングシステムを構築するために、使用する器材の設計と強度を理解しましょう。正しい使用法、他の器材とのバランスおよび使用の制限事項を理解することはとても重要なことです。アーボリストは大きな枝を下ろすときに、力（荷重）の計算を間違えてしまうことが珍しくありません。一連のシステムの中で不具合が生じると、器物の破損、けが、時には生命をおびやかす結果を招くことがあります。アーボリカルチャーの現場には、リギング作業のように本質的に危険なものもあり、専門知識と経験は不可欠です。

# ロープ
## Rope

　ロープはアーボリストにとって最も重要な道具です。これはリギングシステムにおいて要となる構成要素です。その他の構成要素（器具など）は、ロープと一緒に使用することを前提に設計されています。ロープの特性（強度、伸び率、耐久性、その他）は、素材や製造方法によって異なります。

## 素材

### ナイロン　Nylon

　ナイロンは高い強度を持ち、よく伸びるためエネルギー吸収能力が高いことで知られています。耐熱性は標準的、濡れると強度が低下します。

### ポリエステル　Polyester

　ポリエステルは、ナイロンと同等の強度があります。伸び率はナイロンより若干劣りますが、耐熱性は少し勝り、濡れても強度が落ちない特性があります。現在のところ、ポリエステルはアーボリストの間で、最も信頼されている素材であり、生産販売されているクライミングロープやリギングロープのほとんどは、この素材でできています。

### その他の繊維

　その他、魅力的な素材として、ケブラー、テクノーラ、スペクトラなどがあり、非常に高い強度、非常に小さい伸び率、高い耐熱性を持ちます。しかし、熱によって強度が低下するという点においては、ポリエステルやナイロンと同様です。(**訳注**：たとえ耐熱性を兼ね備えているとしても、熱を生じる環境は常にロープに負荷を掛けます(その結果、強度が低下する))。これらの素材は動荷重においての強度は立証されていませんが、さまざまな繊維と組み合わせることでロープの新たな可能性が期待されています。

## 構造

　ロープの性能は、主にロープの構造(繊維の作り方や撚り方、編み方)によって左右されます。素材が及ぼす影響は部分的なものです。繊維(ファイバー)はロープの最も小さな単位です。繊維は紡がれて糸(ヤーン)になり、撚り合わされてひも(ストランド)になり、最終的に撚り合わせるか編まれてロープになります。撚り合わせた回数や角度により、完成品の相対的な強度と伸び率が決まります。一般的に3ストランドのロープは、同じ繊維で同じ量を使用したブレイドロープよりも伸びやすく、強度も低下します。

## 種類

### 3ストランド　3 strand

　3ストランドロープの特徴は、強度が低めですが、伸び率が高く、比較的安価ということです。クライミングやリギングの際、ナチュラルクロッチに向いていますが、フォルスクロッチでの使用感も良いものがあります。スプライスが可能ですが、スプライス

部分は大きくかさばったものになります。このロープの1番の欠点は使用中にねじれや絡まりが起きることです。絡まりがひどくなると、ロープの強度が落ち、場合によってはスプライスが解けることもあります。

## 12ストランド　12strand

12ストランドロープは一般的にクライミングやリギング用のロープとして使用されます。アーボリストブロックにもプーリーにも、またナチュラルクロッチにも使用できます。ナチュラルクロッチでは、耐久性は3ストランドロープより若干劣りますが、ほぼ同等と言えます。スプライスが容易な構造ではないため、末端にアイスプライスを作ることは禁止されています。

## 16ストランド　16strand

16ストランドのアーボリストクライミングロープは、強度と耐摩耗性のために比較的大きな外皮（編み込み）で覆われており、その中の芯によってロープの円形を保ち、荷重時でも安定します。この構造は芯自体が荷重をほとんど受けることがありません。ナチュラルクロッチもしくはフォルスクロッチを用いたクライミング、またはリギング用としてふさわしいロープです。

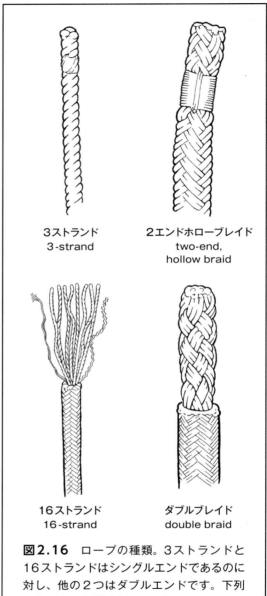

図2.16　ロープの種類。3ストランドと16ストランドはシングルエンドであるのに対し、他の2つはダブルエンドです。下列の2つは、芯が露出しています。

## ダブルブレイド　Double Braid

ダブルブレイドロープはロープの中にロープがあるような構造です。芯部分と外皮部分に、バランス良くほぼ同量の荷重が掛かります。ただし、このロープをナチュラルクロッチで使用することはおすすめできません。なぜなら、木と外皮に摩擦力が掛かると、

外皮と芯に掛かる荷重バランスが崩れて、ずれてしまうことがあるからです。他の構造のロープと比べても非常に強く伸長性の低いロープです。ブロックとボラードを一緒に使用しましょう。

### ホローブレイド　Hollow Braid

ホローブレイドは芯のない編みロープです。ロープをスプライスすることができるか、ロープの耐摩耗性、ロープの円形保持能力がどの程度かについては、ロープ径に対するストランドの数と径によって決まります。数多くあるリギング用のロープツールはホローブレイドで作られています。

### カーンマントル　Kernmantle

文字通りの意味は芯（kern）と外皮（mantle）で、カーンマントルロープはロッククライミングでの使用に適しています。非常にしっかりと編まれた外皮が、荷重を受ける芯を摩耗から保護しています。ほとんどのカーンマントルはスプライスできません。また使用する素材によって伸び率に差があります。伸び率が少ないロープはスタティックリギングに使用したり、メカニカルアドバンテージ（倍力）を構築するために利用するのに適しています。

## ロープの科学

ロープの素材と構造、その特性を科学的に理解することが重要です。例えば、ロープは曲げるとその部分の強度は下がってしまいます。ロープが曲がるとき、ロープの外側は引っ張られ、内側は圧縮されています。つまり、ロープが曲がっている状態では外側の繊維だけが荷重されているということになります。実質的には、ロープ全体で受けるはずだった荷重をより小さな面積で受けるということになります。その一方で、ロープはいくつかの末端部分（結び・スプライス・吊り下げ支点など）がなければ使用できません。つまり、ロープを曲げて使うことは避けられないということです。このため、ロープ製造メーカーはこの曲げをベンドレシオ、もしくは曲がり部分の直径をロープの直径で割り、数値に表わしています。この数字が小さいほど、ロープの強度は下がります。製造メーカーはブロックの固定部と回転部のシーブに対してのベンドレシオを示しています。

重量物を扱う場合は、結びにしてもスプライスにしても、できる限りロープに無理の掛からない曲がりの状態になるように意識して作業を行いましょう。

## 安全係数と限界使用回数　Design Factor and Cycles to Failure

### 引っ張り強度　Tensile Strength

　製造メーカーが定めた引っ張り強度とは、静荷重でテストされた新品未使用のロープや器材の破断強度です。あなたが使用しているロープは、埃、摩耗、結び、荷重によって、強度は落ちています。

### 限界使用回数　Cycle to Failure

　ロープは1回使うたびに傷んでいきます。損傷が治ることはなく、やがてロープは使用不可になります（ここで言う1回とは、リギングロープ1回の吊り上げ、もしくは降下を意味します）。大きな荷重を掛けると著しく寿命を縮めてしまうことになります。

### 安全率(安全係数)　Design Factor

　デザインファクター（DF）は安全率（Safety Factor）とも呼ばれ、使用環境に合わせてロープや器材の荷重限界が決められています。製造メーカーは、特定の推奨事項に沿って使用される器材向けに安全率を示しています。動荷重が掛かったり摩耗したり、汚れやすい状況などを伴うアーボリストリギングの場合、安全率は10もしくは、それ以上が推奨されています。
（**訳注**：安全率とは、シャックル、ワイヤロープなどの玉掛け用具の破断荷重と、使用するときに掛かる最大荷重(力)との比を表します。）

### 限界使用荷重(WLL)　Working Load Limit

　限界使用荷重（WLL）は時には定格荷重（安全使用荷重）（SWL/Safe Working Load）と表される場合もありますが、破断強度を安全係数で割ったものです。ロープに掛かった荷重が破断強度と同じなら、理論的にそのロープは一度で使用不能となります。ロープの寿命を延ばすため（安全係数に基づく）WLLが定められており、毎回の荷重がWLLより少なくなるよう確認しましょう。

　強度を表す情報として、WLLと適正な太さのロープ（や器材）を選ぶための安全率があります。新しいロープを使用する場合、安全率を10（以上）に設定し、使用荷重は、安全率で割ったもの以下であることを確認してください。もし使用荷重がはっきりしているなら、安全率を掛けたその数値以上のロープ（や器材）を選びましょう。アーボリスト業務や特定の使用において、安全率が適正だと確信できない限り、製造メーカーが示すWLLやSWLをそのまま受け入れてはいけません。

## ロープの検査と交換時期

リギングロープは、使用前に必ず検査しましょう。

次の点がないかチェックしてください。

- 擦り切れ、引っ張り出されたストランド、切れたヤーン。
- 溶けた跡、加熱痕。
- 過度の摩耗。
- 縮んだり、膨らんだ場所。
- 硬くなった場所。

古くなった、傷がある、過度の擦り減りがあるようなロープの使用を避け、傷んだロープは交換しましょう。傷んだ場所がいつも見えるとは限りません。特に、重量物、動荷重を扱う作業は、1回毎に（大きく）ロープの寿命を縮めます。ロープをいつどのように使用したか記録しましょう、もし、ロープの状態に疑問が湧いた時点で直ちに使用を止め、交換してください。

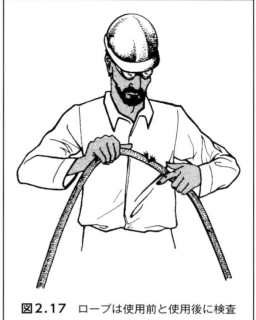

**図2.17** ロープは使用前と使用後に検査しましょう。

# まとめ

さまざまな状況で適正な器材を選ぶことは作業をより生産的にし、かつその器材を科学的に理解することで、作業がより安全なものとなります。アーボリストの器材には、耐動荷重、耐摩耗、耐薬品性など、多くの特性が求められますので、他の業種で使用されている道具が樹木管理作業にそのまま使えるとは限らないということに注意しましょう。

## 第2章 器材とロープ 確認テスト

解答を、それぞれ1つずつ選択して下さい。解答は巻末(174頁)にあります。

1. フリクションコントロールデバイスを用いるメリットは、木の幹にロープを巻いて摩擦を掛けるよりも ＿＿＿＿ である。
   a．ロープの巻き数の変更が容易である
   b．「ロープを流す」ことが容易である
   c．木の周りにロープを運ぶ必要がない
   d．上記すべて

2. リギングに使用するコネクティングリンクスのデメリットは、＿＿＿＿ である。
   a．ロックすることができないこと
   b．ほとんどが動荷重向けに設計されていないこと
   c．スプライスされたアイで使用することができないこと
   d．上記すべて

3. アーボリストブロックとレスキュープーリーの主な違いは ＿＿＿＿ 。
   a．アーボリストブロックは、ロープのための大きなシーブと、スリングのための小さなシーブ／ブッシュを有し、リギング用に頑丈に設計されている
   b．レスキュープーリーは回転シーブを有し、アーボリストブロックは固定シーブのみを持つ
   c．通常、アーボリストブロックは取付けポイントが1つで、チークプレート(サイドプレート)が狭い
   d．ほとんどのレスキュープーリーはスチール製でブッシュが付いている

4. 片端に固定されたアイと、他端に調整可能なアイがあるスプライスされたロープツールは、＿＿＿＿ である。
   a．ルーピー
   b．ダブルアイ
   c．ウーピー
   d．フィッシャーマンズループ

5. 多くのクライミングロープとリギングロープの材質は ＿＿＿＿ である。
   a．ナイロン
   b．ポリエステル
   c．ポリプロピレン
   d．スペクトラ

6. ロープ（外皮）のなかにロープ（芯）があり、芯と外皮がほぼ同じくらいの荷重を分担するものは ＿＿＿＿ である。
   a．カーンマントル
   b．16ストランド
   c．3ストランド
   d．ダブルブレイド

7. 引張強度（破断強度）をデザインファクター（安全率）で割った値のことを ＿＿＿＿ という。
   a．ワーキングロードリミット（working load limit）
   b．サイクルトゥフェイリュアー（cycles to failure）
   c．セーフリフティングロード（safe lifting load）
   d．破断強度（breaking strength）

8. ロープ曲げ直径をロープ直径で割った値は、＿＿＿＿ である。
   a．セーフワーキングリミット（safe working limit）
   b．デザインファクター（design factor）
   c．ベンドレシオ（bend ratio）
   d．ワーキングロードリミット（working load limit）

9. スクリューリンクス、シャックル、スクリューゲートカラビナを使用する際、安全上考慮すべきことは ＿＿＿＿ である。
   a．リギングにはダブルロック式ゲートのものは使用できないこと
   b．スクリューロック部にロープが触れて走ると、意図せずゲートが開くこと

c. スクリューロック式のコネクターはリギングギアのANSI要件を満たしていないこと
d. これらのコネクターはアルミニウム製のものでも使用可能であるが、リギングにはスチール製を使用しなければならないこと

10. ウェビングスリングをバスケットヒッチで使用すると、_____ となる。
   a. ウエビングスリングの強度の50％
   b. ウェビングスリングの強度の80％
   c. ウェビングスリングの強度の100％
   d. ウェビングスリングの強度の200％

# 第 3 章

# リギングノット

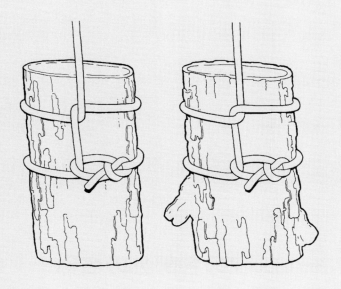

# 目 的

この章では、次のことを学びます。
- ロープ各部分の名称。
- リギングで一般的に使用される結び(ノット)と、その選択方法。
- リギング作業でよく用いられるノットをどのように、結び(Tie)、形を整えて(Dress)、使えるように(形を固定)するか(Set)。

## キーワード

| | | | |
|---|---|---|---|
| アイスプライス | Spliced eye | バタフライ | Butterfly |
| ヴォルドテイントレス | Valdôtain tresse (Vt) | ヒッチ | Hitch |
| エンドラインループ | Endline loop | フィックストループ | Fixed loop |
| ガースヒッチ | Girth hitch | フォール | Fall |
| カウヒッチ | Cow hitch | プルージックヒッチ | Prusik hitch |
| クローブヒッチ | Clove hitch | ベンド | Bend |
| シートベンド | Sheet bend | ベンドラディウス(曲げ半径) | Bend radius |
| スタンディングパート | Standing part | ボーライン | Bowline |
| スリップノット | Slip knot | ボーラインオンアバイト | Bowline on a bight |
| スリッペリーベンド | Slippery bend | マーリンヒッチ | Marline hitch |
| ターン | Turn | マチャードトレス | Machard tress (Mt) |
| タイ(Tie) ドレス(Dress) セット(Set) | T.D.S | ミッドラインループ | Midline loop |
| ツェッペリンベンド | Zeppelin bend | ラウンドターン | Round turn |
| ティンバーヒッチ | Timber hitch | ランニングエンド | Running end |
| (ノットが)解かれた | Slipped | ランニングボーライン | Running bowline |
| ノット | Knot | リード | Lead |
| ハーフヒッチ | Half hitch | ループ | Loop |
| バイト(ロープ中間部の、交差していない曲がりや弧) Bight | | ループノット | Loop knot |
| | | ワーキングエンド | Working end |

# ロープの各部分の名称

ロープの各部の名称は2つの方法で表現することができます。ロープ自身に関するものと、リギングポイント(荷の吊り下げ支点)に関係するものです。はじめに、ロープの両端はワーキングエンド(使われる末端)とランニングエンド(使われない末端)に区別し

第3章　リギングノット

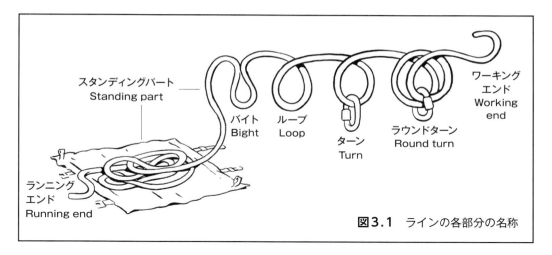

図3.1　ラインの各部分の名称

ます。その間の、作業に直接使用されていない部分はスタンディングパートと言います。次に、リギングポイントよりワーキングエンド側をリード（Lead）、ランニングエンド側をフォール（Fall）、と呼びます。

- バイト：ワーキングエンドと、スタンディングパートの間で、作業に使っている部分の内、交差しない曲がりや弧の部分。
- ループ：交差したバイト
- ターン：ループ内に何か物がある状態。
- ラウンドターン：2重のループ内に何か物がある状態。

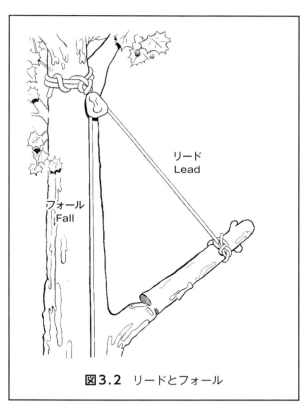

図3.2　リードとフォール

## ノット（結び）
### Knots

ノットとは結びという意味で、さまざまな作業状況に応じて適正なノットを選択する

ことは、作業システムの安全性を高め、作業終了時にはそのノットを簡単に解くことができます。ノットは次のように分類されます。

- ループ：ノットで作られる輪のことです。ループは、ラインの末端にも途中にも作ることが可能で、それぞれエンドラインループ、ミッドラインループと言います。
- ヒッチ：ロープを何かの物もしくはそのロープ自身のスタンディングパートに巻き付けて確保固定するときに使う結び方です。
- ベンド：2本のロープ末端をつないで固定する結び方です。1本のロープの両端をつなぎ合わせ、フィックスループを作ることができます。

## タイ・ドレス・セット　Tie, Dress, Set (T.D.S)

結びを作るときは、次のことが大切です。
T（タイ）：正しく結ぶ
D（ドレス）：形を整える
S（セット）：使用できるように形を固定する

## リギングで一般的に使用されるノット

### ボーライン（もやい結び）　Bowline

- ループを作るのに便利。
- 大きな力が加わった後でも結び目がきつくならずほどきやすい。
- ボーラインの基本形。応用形としてランニングボーライン、ボーラインオンアバイト、シートベンド、ダブルボーラインなどがあります。

**結び方**：ワーキングエンドとスタンディングパートで反時計回りの輪を作ります。ワーキングエンドを、作った輪の下から通し、スタンディングパートの後ろから反時計回りに回してきて、先ほどの輪の中に上から通します。ターンとバイトをワーキングエンドで締めつけセットします。

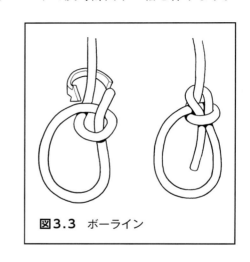

**図3.3**　ボーライン

### ランニングボーライン（罠もやい結び）
### Running Bowline

- ロープを枝に結び付ける場合によく使われます。
- スリップノットと同じ機能を持ち、輪を

第3章　リギングノット

緩めたり締めたりできます。
● 大きな力が加わった後でも結び目がきつくなく、ほどくのが簡単です。

結び方：ボーラインを結んだときにできる輪に、スタンディングパートが入るように結びを作り、ランニングエンドを引っ張り枝に締めつけます実質的に投げ縄と同じ形です。（本来の投げ縄は、ホンダノットで作られます）

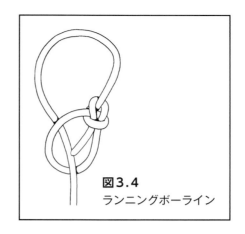
図3.4 ランニングボーライン

### ボーラインオンアバイト(腰掛け結び)
### Bowline on a Bight

● 2つの輪で形成され、緊急時の一時的な安全帯として使うことが可能です。
● 頻繁に使用されるノットではありません。

結び方：ロープを半分に折り曲げて、その状態からボーラインと同じ手順でスタンディングパートで反時計回りの輪を作り、作った輪の下からバイトを通します。そのバイト部分にノット全体を入れ込み、結び目を締めて固定します。

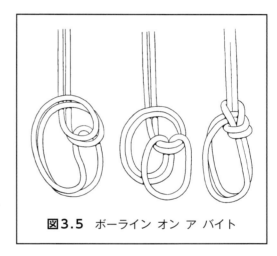
図3.5 ボーライン オン ア バイト

### クローブヒッチ(巻き結び)　Clove Hitch

● 地上からクライマーに道具を渡すときに使える結びです。ロープの途中に物を結び付けて樹上に上げます。
● 切り落とす枝や幹に結び付けるのに用います。ワーキングエンドが抜けやすいのでハーフヒッチを追加します。

結び方：クローブヒッチは、ロープ

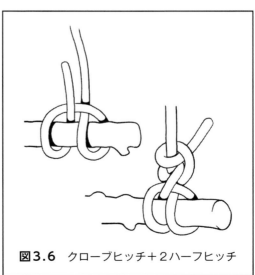
図3.6 クローブヒッチ＋2ハーフヒッチ

59

を物に巻き付ける結び方です。ワーキングエンドで輪を作り、同じ向きの輪をもう1つ作って対象物に巻き付け、ワーキングエンドを"ブリッジ"の下を通します。ワーキングエンドは、スタンディング部分と逆方向に出てきます。この結びはクライミング時に使用されるトートラインヒッチに似た形になります。リギングで使用する場合、スタンディングパートに2回ハーフヒッチを結び、抜け止めの末端処理をしましょう。

## マーリンヒッチとハーフヒッチ
### Marline Hitch vs. Half Hitch

クライマーは切断対象物を結ぶリギングノットに加え、マーリンヒッチやハーフヒッチをよく使います。目的は荷を落下させる際に、ロープが緩むことによってノットが材から外れてしまうことがないようにするためです。また、荷重を分散させる意味もあります。

### ハーフヒッチ　Half Hitch
- 荷が外れると、結びはなくなります。
- 荷を地上に下ろした後、解くのが簡単です。

### マーリンヒッチ　Marline Hitch
- 荷が外れると、オーバーハンドノット（止め結び）になります。
- より安全を重視する場合に使われます。

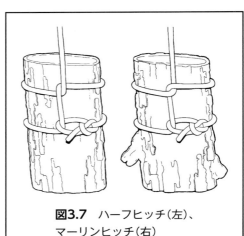

図3.7　ハーフヒッチ（左）、マーリンヒッチ（右）

### スリップノット（引き解け結び）　Slip Knot
- 片手でも簡単に結ぶことが可能です。
- 熟練クライマーは、このノットの使い勝手の良さを知っており、頻繁に使っています。
- 結びに方向性があり、一方に引けば締まり、もう片方に引けば解けます。

**結び方**：ワーキングエンドを反時計方向に回して輪を作り、そこにワーキングエンドのバイトを通し、締める。この結びは、非対称で、輪を作った

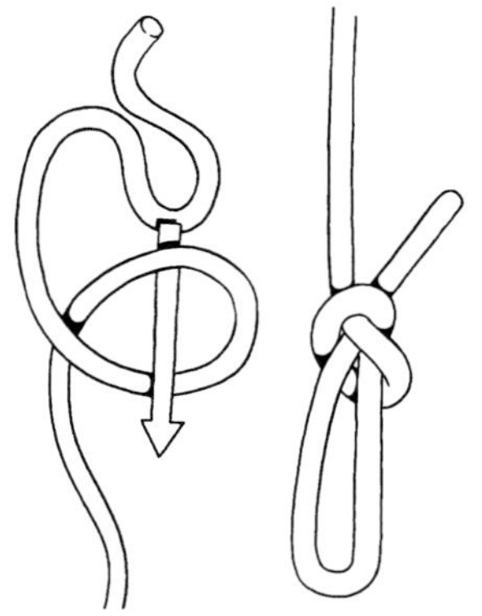

図3.8　スリップノット

方向（この場合ワーキングエンドの方向）に引けば解けます。この引く方向によっては簡単に解けてしまう性質は、作業によっては重要な意味を持ちます。

　スリップノットは、どこにどう結んでも"解けてしまう"可能性があります。つまり、ワーキングエンドの代わりに中間部分に結んだとしても、ワーキングエンドを引けば即座に解けてしまうということです。スリップノットを正確にいえば、スリップドオーバーハンドノットです。私たちが靴ひもを結ぶときに使う蝶結びは、スリップスクエアノットを2重にしたものです。解けてしまう可能性のあるスリップノットは道具を結ぶのに適していません。

### シートベンド　Sheet Bend

- 直径が異なる2本のロープをつなぐ際に使用します。クライマーにロープを送るときによく使われます。
- 細い方のロープは、スタンディングパートの下で折り曲げられています。

**結び方**：1番やさしい覚え方は、ボーラインを2本のロープで結ぶと覚えましょう。一方のロープ先端を反時計回りに折り曲げ（ターン）、スタンディングパートに重ねます。もう一方のロープを1本目のターンに通し、反時計回りに巻き付け、1本目のロープと2本目のターンの間に通します。正確に結ぶと、2本のロープ末端はそれぞれ同じ方向を向きます。太さの違うロープをつなぐとき、最も安全な結び方です。

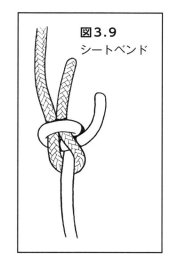

図3.9 シートベンド

### スリッペリーベンド　Slippery Bend

- 解きやすい。
- バイト部分を引き抜くことで瞬時に解けます。
- クライマーにロープを送るときのみ使用できる。

**結び方**：1本目のロープ末端近くにバイトを作ります。2本目のロープのワーキングエンドをその上にのせ1本目のロープ後ろ側から回し、自身のスタンディング部分と交差させ、バイト部分を作って1本目のバイトに通しま

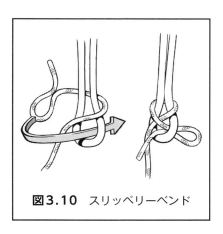

図3.10　スリッペリーベンド

す。

## プルージック　Prusik Hitch

- クライミング、リギング両方に使用できるフリクションヒッチ。
- どちらの方向に引いてもしっかり確保固定されます。
- ワーキングラインにそれより細い直径のロープをプルージックで結ぶ。ロープの種類によって効きが変わってきます。

**結び方**：ロープの後ろ側にループを用意します。片方のバイト部分にもう片方のバイト部分を通す動作を2〜3回繰り返すことでできあがり、ロープのどちらの方向に引いてもしっかり確保固定されます。この結びはループでなくても、1本のロープ片で結ぶことも可能です。

## ヴォルドテイントレス、マチャードトレス
### Valdôtain Tresse(Vt), Machard Tresse(Mt)

- フレンチプルージックのバリエーション。
- クライミング＆リギング（ロープ）両方に使用できるフリクションヒッチ。
- マチャードトレスはフィックストループで、一方ヴォルドテイントレスは末端にノットかスプライスアイを持つロープによって結ばれます。

**結び方**：どちらも同じ結び方です。4周巻いて3回編む（重ねる）、というのが基本的な結び方です。ループ／コードを4周時計回りにラインの上から下に向かって巻き付けます。次にループ／コードの両端を上から順に交差させながら下に編んでいきます。まずラインの後ろ側で、最初に4周巻き付けた際、上から出るループ／コードを下から出るループ／コードに上から重ね（1回目）、次にラインの手前側で1回目と上下逆に重ね（2回目）、更にラインの後ろ側で上下を再度逆にして重ねます（3回目）。

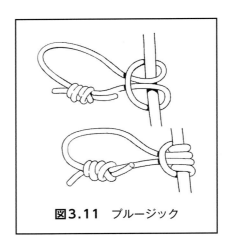

図3.11　プルージック

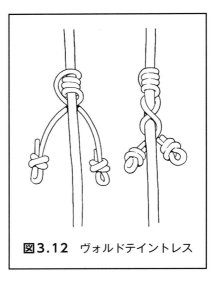

図3.12　ヴォルドテイントレス

## バタフライ　Butterfly

- ロープの途中にループ(ミッドラインループ)を作れる結びです。
- ロープの曲がりはそれほど強くなく、結び目が左右対称となります。

**結び方(1)**：ロープ途中にバイトをつくり360°ねじるとロープが2カ所重なり8の字ができるので、その8の字の上の輪を折り曲げ、下からくぐらせて、8の字の下側の輪に通します。

**結び方(2)**：手のひらを上に向け、その手にロープを3周巻きます(**訳注**：ロープの2、3巻き目は手の甲側で交差しています)。1番左にあるロープを上から他の2本のロープの間に入れ、次に1番左になったロープを1番右に持ってきて他の2巻きの輪の中を右から左に引きだします。最後に形を整え(ドレス)、固定します(セット)。

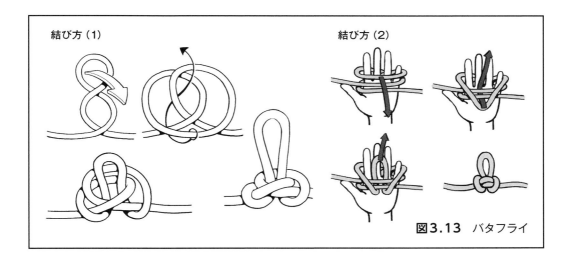

図3.13　バタフライ

## ツェッペリンベンド
Zeppeline Bend

- 2本のロープをつなぐ際に使用する結びです。
- ロープに大きな荷重が掛かっても簡単に解くことができます。
- 結び目が左右対称になります。

**結び方**：(Step 1) 各ロープの末端で、ループを作ります。一方は時計回

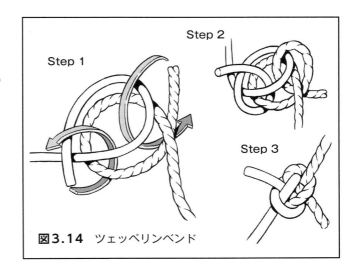

図3.14　ツェッペリンベンド

りに、もう片方は反時計回りで、各ロープの末端が輪の後ろ側に来るようにします。一方のループをひっくり返し、末端がスタンディングパートの前に来るようにします。それぞれのロープの末端が逆方向に向くように2つの輪を重ねます。（Step 2）上側にある末端を下から上に、下側にある末端を上から下、それぞれ2つのループに通して、（Step 3）形を整え固定したら完成です。

### ガースヒッチ（ひばり結び）　Girth Hitch
- ループスリングやアイスリングの固定、もしくはロープと器材との連結に用います。
- クライマーに道具を送るためのミッドラインノットとしても使用します。

**結び方**：対象物に、ループの部分を巻き付け、その輪の中にもう一方の端を通します。

### カウヒッチ　Cow Hitch
- 木に器材を固定する際に用います。
- ガースヒッチの変形で、ループの代わりにロープを使います。

**結び方**：カウヒッチは、ワーキングエンドを木に回し、元の部分（器具結束部）の下を回って折り返し1周戻り、その折り返し部分にワーキングエンドを通すことで形作られます。巻き数の少ないプルージックに似た形です。カウヒッチの両端（ランニングエンドと器具結束部）に荷重が掛かるとガースヒッチと同じ状態になります。カウヒッチが動いて解けてしまわないように、ワーキングエンドをスタンディングパート（器具を結んでいる部分）にハーフヒッチを結ぶ必要があります。このとき、ハーフヒッチの向きはワーキングエンドが湾曲したバイトと反対側へ出て行くようにしなければなりません。末端はリギング作業時の引き込みを避けるため、ロープと幹の間に複数回巻き込みます。

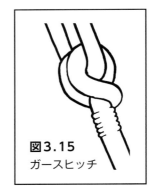

図3.15　ガースヒッチ

### ティンバーヒッチ　Timber Hitch
- 器具の固定（特にロープスリングの長さがカウヒッチを結ぶには足りないような大径木の場合）に用います。

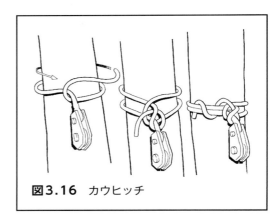

図3.16　カウヒッチ

第3章　リギングノット

- この結びは、引っ張る力が幹のヒッチを引き締めているような状態になるのでしっかりと固定されます。結びが解けるのを防止するため、折り返し部分に常に荷重が掛かっているようにしましょう。

**結び方**：ティンバーヒッチを結ぶには、ワーキングエンドを結び付ける対象物に回し、（器具結束部の）スタンディングパートを折り返します。そして5回以上（回してきたラインと幹の間を通して）巻き付けます。3ストランドロープを使用する場合は、撚り目の凹凸に合わせて巻き付けることが重要です。そうしないとロープ同士が滑って外れることがあります。巻き付けた部分のたるみを取りながら、ランニングエンドを引っ張り、ノットを整えます。（**訳注**：巻き付ける長さは、幹周りの半周以上あることが重要です。）

図3.17 ティンバーヒッチ

### ウォーターノット（ふじ結び・テープ結び）　Water Knot

- ウェビングの両端を結び、エンドレスループを作る際に用います。
- 結ぶのは簡単ですが、加重後に解くのは困難。
- 結び目の端を長く残すことが重要。

**結び方**：一方の端に、オーバーハンドノットを作り、反対側の端をその結び目に沿って通します。結び目の端を4.5～6cm残すようにしましょう。

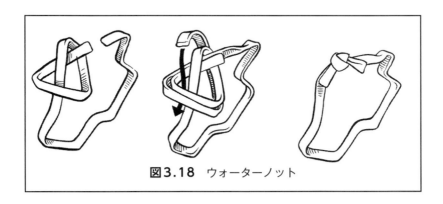

図3.18　ウォーターノット

### ビアーノット　Beer Knot

- （管状の）チューブラーウェビングでエンドレスループを作る際に用います。
- ウォーターノットより強く、見た目がきれい。
- **結び方**：管状のウェビングのスタンディングパートに、オーバーハンドノットを作り、ランニングエンドをもう片方の端（結ばれて重なる部分）に挿入します。そ

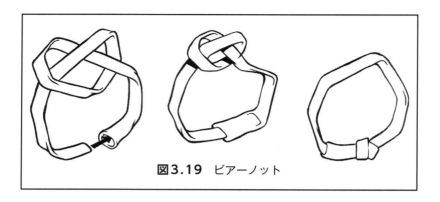

図3.19　ビアーノット

して（その重なった部分上で）結びを整えてください。重なる部分は、15～18cm必要です。

# まとめ

　アーボリストはリギング作業において、さまざまなノット、ヒッチ、ベンドを使用します。作業毎に最適なノットを選択することで、ロープの曲げ半径、作業システムの強度、加重後の解きやすさ等に大きな利点が生まれます。時には、以前は採用しなかったノットの方がそのときの作業状況に合う場合もあります。ノットに精通することで、より正しい選択ができるようになります。最も重要なことは、どんなノットでも使用する際には、正確に結び（Tie）、形を整えて（dress）、使える状態にノットを固定する（Set）ことです。

## 第3章 リギングノット 確認テスト

解答を、それぞれ1つずつ選択して下さい。解答は巻末(174頁)にあります。

1. ロープの作業に使っている部分の内、曲がりや弧を ＿＿＿＿＿ と呼ぶ。
    a．バイト
    b．ループ
    c．ターン
    d．ラップ

2. 2本のロープをつなぐ結びは ＿＿＿＿＿ である。
    a．ヒッチ
    b．ベンド
    c．フリクションノット
    d．フィックスト

3. ロープを何かの物もしくはそのロープ自身のスタンディングパートに巻きつけて確保固定する結びは ＿＿＿＿＿ である。
    a．ベンド
    b．ループ
    c．ストランド
    d．ヒッチ

4. リギングポイントよりワーキングエンド側のロープは ＿＿＿＿＿ と呼ぶ。
    a．リード(Lead)
    b．フォール(fall)
    c．スタンディングパート(standing part)
    d．ランニングエンド(running end)

5. ノットを「ドレスする」と「セットする」とは ＿＿＿＿＿ である。
    a．末端にあるバイトを巻いて引き締めること
    b．ロープの末端が解けないよう末端処理すること
    c．各部を整え、ノットを引き締めて、使用のできる状態にすること
    d．スプライスのバイトをラインのベンドの上に置くこと

6. ロープ径の異なる2本のロープを結合するのに使用できる結びは ＿＿＿＿＿ である。
   a. クローブヒッチ
   b. シートベンド
   c. ランニングボーライン
   d. バタフライ

7. ワーキングエンドを途中で輪っか状に押し込んだ状態を、結びでは ＿＿＿＿＿ と呼ぶ。
   a. セット
   b. ドレス
   c. スリップド
   d. オンアバイト

8. ブロックを木に取り付けるときにカウヒッチを結ぶには長さが足りないスリングを使って取り付ける場合、その代わりに使用できる結びは ＿＿＿＿＿ である。
   a. ダブルフィッシャーマンズベンド
   b. バタフライ
   c. ヴォルドテイントレス(Vt)
   d. ティンバーヒッチ

9. エンドロープを使用して木にクローブヒッチを結ぶときに大事なのは、＿＿＿＿＿である。
   a. スタンディングパートにハーフヒッチを2回加えて、クローブヒッチが引き解けないようにすること
   b. ワーキングエンドの交差部分にバイトを押し込むこと
   c. ワーキングエンドの張力を維持するためにランニングエンドを張った状態に保つこと
   d. 曲げ部分に強い張力が掛からないように、バイトに結びをつくること

10. マチャードトレス(Mt)とヴォルドテイントレス(Vt)の違いは、＿＿＿＿である。
    a. マチャードトレスはフィックストループで結ばれていること
    b. ヴォルドテイントレスは4巻きで、マチャードトレスには3巻きであること
    c. マチャードトレスは末端がスプライスされた1本のロープで結ばれていること
    d. ヴォルドテイントレスはフィックストループで結ばれていること

# 第4章

# 枝下ろし 基本編

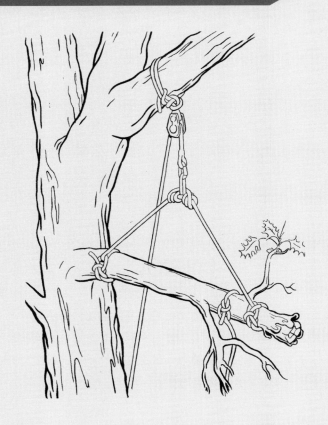

# 目 的

この章では、次のことを学びます。
- リギング作業における摩擦力の役割。
- ナチュラルクロッチとフォルスクロッチそれぞれをリギングポイント（ロープの作業支点）に採用した場合の比較。
- 基本的な枝下ろし作業での適正なリギング技術の選択。
- バットタイ（枝元側結束）、チップタイ（枝先端側結束）、バランシング（平衡に吊ること）のそれぞれの利点と注意点。

## キーワード

| | |
|---|---|
| アーボリストブロック　Arborist block | ハーフヒッチ　Half hitch |
| アイスリング　Spliced-eye sling | バットタイ（枝元結束）　Butt-tie |
| ウェビングスリング　Webbing sling | バランサー　Balancer |
| カウヒッチ　Cow hitch | ヒンジカット　Hinge cut |
| カラビナ　Carabiner | フォルスクロッチ　False crotch |
| クローブヒッチ　Clove hitch | フリクションデバイス（摩擦を利用した制動器）　Friction device |
| スナップカット　Snap cut | プルージック　Prusik hitch |
| タグライン（補助ロープ）　Tag line | ポータラップ　Port-a-Wrap |
| ダブルブレイド　Double braid | 摩擦抵抗（摩擦力）　Friction |
| チップタイ（枝先結束）　Tip-tie | ランニングボーライン　Running bowline |
| ティンバーヒッチ　Timber hitch | リギングポイント　Rigging point |
| ドロップカット　Drop cut | |
| ナチュラルクロッチリギング　Natural-crotch rigging | |

# はじめに

　この章では、枝下ろし（リギング）に関する最も基本的な技術を紹介します。まずナチュラルクロッチリギングとブロックやプーリーを利用したフォルスクロッチそれぞれの利点と汎用性を比べます。さらに、摩擦力の概念と、リギング作業においてその摩擦力をどのようにコントロールするかを考えます。

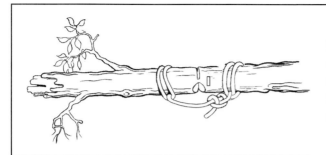

**図4.1** ロープスリングを使用した、小さな幹や枝を切除する方法。対象の枝にロープスリングを結び付け、切り落とした後にスリングを外して枝を投下します。

# 切って、投下する
## Cut and Chuck

　時には切除する枝や幹を、ロープを使わず安全に着地させることが可能です。また、多少のコントロールは必要ですが、リギングロープを必要としない状況もあります。

　（**訳注**：日本では安全衛生規則　第536条によって次のように定められています。「事業者は、３ｍ以上の高所から物体を投下するときは、適当な投下設備を設け、監視人を置くなど労働者の危険を防止するための、措置を講じなければならない」）

## 手順

　切除する材の大きさや地上の障害物の状況にもよりますが、器材を使用しない、もしくは、クライマーが携帯する簡単な道具を使用して切り落とす方法があります。

- スナップカットのような切断方法は、例えば、リギング器材を使用せず、切断する枝を作業している所に投下しても問題なく、またその枝が傷ついたり折れたりしても問題ない場合に行う方法です。
- スリングを利用する場合：あらかじめロープやウェビングのループスリングをガースヒッチで切断する枝に結び、手でつかんでおきます。クライマーが鋸で切り離した後、持ち上げて処理します。この方法は、対象物が重くなく、安定した作業姿勢が取れることに注意して行います。
- アイスプライスされたロープスリング（デッドアイスリング）を使って、カラビナ等を使用せず、ロープと結び（ノット）を使うだけのとても単純な方法があります。まず、切り落とす部分にアイスリングを巻き付け、アイにランニングエンドを通しチョーキング（締め込み）します。そしてランニングエンドを残る枝等にクローブヒッチとハーフヒッチ２回で結び付けます。（注意点：受け口は、クローブヒッチとハーフヒッチを結ぶ前に作っておきましょう）

## メリット

- 最低限の器材で済む。
- 作業効率の向上。
- グランドワーカーの手助けなしで作業が可能。

## デメリット

- 衝撃荷重が掛かる作業には向かないこと。
- ケガや、過度な衝撃荷重を防止するため、対象物は小さなサイズに限ること。

# 切除対象物より上側に
# リギングポイントを設ける場合

　ロープを使って材を下ろす場合、一般的にリギングポイントを切る位置よりも上側に設けます。これは、リギングロープに掛かる荷重を最小にし、材をよりコントロールしやすくするためです。

## ナチュラルクロッチと
## フォルスクロッチ
### Natural Crotch vs. False Crotch

### ナチュラルクロッチ
### Natural Crotch

　ナチュラルクロッチリギングとは、自然の木のまたにリギングロープを掛けて作業するものです。メリットとデメリットは次のようなものがあります。

メリット
- 追加の器材が不要。
- 作業時間が短縮される。

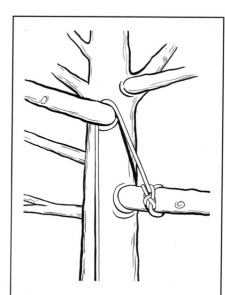

**図4.2** ナチュラルクロッチをリギングポイントとして使うと、摩擦力により、ロープのリード側にはフォール側より大きな力が掛かります。

デメリット
- リギングポイントの位置が限られる。
- リギングポイントの摩擦力がとても大きくなる。
- ロープの損傷が大きい。
- 樹木に損傷を与える可能性がある。

## フォルスクロッチ　False Crotch

　フォルスクロッチリギングとはブロックなどの器具を設置して、リギングポイントとして使用するものです。メリットとデメリットは次のようなものがあります。

メリット
- 任意の場所にリギングポイントを設置できる。
- 摩擦力が制御できる。
- ロープの損傷が抑えられる。
- 木のまたの損傷が避けられる。

デメリット
- 器材が必要で、セッティングに時間が掛かる。
- 器材を回収するために登らなければいけないことがある。

# ロープの選択

　リギングロープの選択や荷重の計算を行うときに、摩擦力を考慮することは重要です。ロープの構造が異なれば、摩擦の効き具合も変わります。

　一般的に表面に大きなストランドを持つロープは、耐摩耗性に優れています。
- 3ストランドロープはナチュラルクロッチに適していますが、ロープ表面の決まった部分が擦れるので、早く損傷します。
- 同じ3ストランドでも、固く撚ってあるもりよりも緩く撚ってあるものの方が傷みやすいです。
- 12もしくは16ストランドロープは、耐摩耗性に優れています。
- ダブルブレイドロープは、2〜3層で形成されます。ロープに摩擦力が掛かると外皮と芯の両方に均一に荷重が掛からなくなるため、ナチュラルクロッチリギン

グには適しません。しかしながら、ブロックを使用する場合のロープとしてはとても良い選択です。

## リギングポイントにブロックを設置する

リギングポイントにアーボリストブロックを使用すると多くの利点があり、応用の幅が広がります。

メリット
- 摩擦力が一定になることで、リギングライン全体で衝撃荷重を吸収できるようになること。
- リギングポイントの位置が、木のまたに限定されない。
- 木のまたではなく主幹にブロックを設置することで、リギングポイントの強度が向上すること。

適切な設置場所
- ブロックは樹上のできるだけ高い位置で、クライマーのタイインポイント（クライミングロープを掛ける支点）から離れた場所に設置するのが安全で作業性も良いです。リギングロープが長いほど衝撃荷重を吸収できるので、より高い位置の方がよいでしょう。可能であれば、リギングポイントとタイインポイントは別々の場所に取ることが望ましいです。リギングポイントは、荷重を支えるのに十分な強度がある場所を選びましょう。
- 切除した枝が、クライマー

図4.3　アーボリストブロックをフォルスクロッチに使うことで、ロープのより多くの部分に力が分散され、ロープ自体の損傷を軽減し、木のまたの損傷を防ぎます。

や、障害物の方向に振れないような場所にブロックを設置します。
- 切除対象物が、ロープや、樹木の他の部分に絡まらないようにリギングポイントを設けることが理想です。
- 主幹から離れた位置にリギングポイントを設置する場合は、十分注意しましょう。これは、枝に強い荷重が掛かったときに枝が折れてしまう可能性があるからです。

### 設置方法
- 使用するリギングロープの限界使用荷重（WLL）の"2倍"の強度をもつアイスリングを用意します。なぜなら、ブロックに掛かる荷重はリギングロープに掛かる荷重の最大2倍（実際はこれに摩擦抵抗が加わります）になるため、それに対応するためです。
- スプライス部分（スリングのアイ）をブロックの固定シーブに取り付けます。シーブの直径は、スリング直径の3倍以上必要です（ベンドレシオ3：1）。アイスプライスに過度な荷重が掛からないように、アイスプライスはシーブ直径の最低3倍の長さが必要です。
- スリングを使って、ブロックを木の幹にカウヒッチで結び付けます。手順は次の通りです。スリングのワーキングエンドを幹に回し、スリングのスプライス部分の下を回して逆方向に折り返し、再度幹に巻き付け、折り返し部分に末端を通し、ロープのたるみを取ります。先に作った折り返し部分と逆方向にランニングエンドが出るようにスプライス部の周りをハーフヒッチで結びます。余った部分は、スリングと幹の間に巻き付けます。

**図4.4** ロープスリングで木に結び付けたアーボリストブロック。カウヒッチとハーフヒッチを組み合わせて結び、スリングの末端は、ロープスリングと幹の間に巻き付けます。

# 材を結ぶためのノット（結び）

### ランニングボーライン　Running Bowline
- 簡単に結ぶことができ、加重後でも解きやすい。
- 離れた場所からでも結ぶことができます。

### クローブヒッチ＋ハーフヒッチ２回
Clove Hitch plus Two Half Hitches

- ランニングボーラインに比べ、結びの曲がりが少ない(強度低下が少ない)。
- ハーフヒッチは解け防止のために重要です。

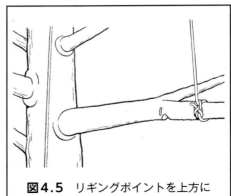

**図4.5** リギングポイントを上方に取った、バットタイ。

## バットタイ（枝元結束）
Butt-Tying

切り口の近くにリギングラインを結び付ける。

- 切り落とすと、通常枝先端側から落下します。
- クライマーはリギングラインや切除物に干渉しない場所で作業します。

## チップタイ（枝先結束）
Tip-Tying

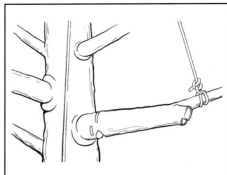

**図4.6** リギングポイントを上方に取ったチップタイ。

枝の先端側にリギングラインを結び付ける。

- 枝は切り口から離れるように落下します。枝がどのように振れるかは、リギングポイントの位置によります。
- クライマーは枝が振れてきても接触しない場所で作業しましょう。切断時にチェーンソーが挟まれることに注意します。

# タグライン（補助ロープ）の追加
Adding a Tagline

タグラインは、グランドワーカーがコントロールするもので、リギングポイントを通過したり、荷下げに利用するものではありません。タグラインは、多様な技術と併用されます。

- 材の振れと方向をコントロールします。
- 材の不要な動きを抑制するために使います。
- 材を特定方向(受け口方向等)に誘導するために使います。

# リギングにおける摩擦力の役割

　摩擦力はリギングシステムにおいてなくてはならないものです。この力がないと、グランドワーカーは自分より重いものを下ろすことができません。摩擦力は、2つの物体が接しているときに物体の動きを妨げる向き(反対方向)に働く力です。吊り下げた材が落下しようとするエネルギーをロープが伸びることで吸収します。リギングポイントでの摩擦力が大きいと、リード側(リギングポイントから切除物までのロープ)の比較的短いロープに、著しく大きな力が掛かります。この力はロープの寿命を縮めます。摩擦力を最も考慮しなくてはいけないのは、重量物を扱ったり、衝撃荷重が掛かる場合です。

## 「木に巻き付ける」とフリクションデバイス
Tree Wraps vs. Friction Device

### 木に巻き付ける　Tree Wraps

　以前よりアーボリストは材をコントロールして下ろすために、木にラインを巻き付け、その摩擦力を利用してきました。これは、現在でも使われています。
　その特徴は、次の点です。

- 他に器材が必要ないこと。
- 作業システム内の摩擦力を判断、調整、制御するのが難しいこと。
- 木によって摩擦力が異なること。
- リギングラインの損傷が大きいこと。
- 緩みを取ったり、枝を持ち上げるのが難しいこと。
- 作業の度に幹に巻き直さなくてはならないこと。

図4.7　幹にラインを巻き付けるのは、摩擦力を作る1つの方法ですが、その力を判断、調整、制御するのは容易ではありません。

### フリクションデバイス　Friction Device

　フリクションデバイスとは荷下ろし作業に用いる器具で、リギングラインの摩擦力を利用して荷の落下スピードを緩やかにする制動器です。器具にラインを巻き付けて使用します。

　その特徴とは、次の点です。
- ラインの端に限らず、途中部分を使って巻き付けることができる。
- 安定した摩擦力が得られる。
- リギングロープの損傷を軽減できる。
- 簡単に巻き数を増減できる。
- ラインを"流す（走らせる）"ことで、容易に荷重を減らすことができます。
- 摩擦力の調節がしやすい。
- ラインを張ったり、荷を持ち上げたりできる機能を兼ね備えた器材も存在する。
- 荷の重量に合わせて適切なフリクションデバイスを設置しましょう。

## ポータラップの設置
### Installing a Port-a-Wrap

　ポータラップをアイ付きロープスリングのアイ部分にガースヒッチで取り付け、ティンバーヒッチもしくはカウヒッチを使って木に結びます。ティンバーヒッチで固定する場合の手順は次の通りです。まず幹の回りにワーキングエンドを回し、ロープスリングのスプライス部分の下を回します。続けて反対側に折り返し、幹に巻き付けたスタンディングパートに沿ってワーキングエンドを最低でも５回以上巻き付け、その部分を引き延ばしてたるみを取ります（**訳注**：巻き付ける長さは幹周り半周以上あることが重要です）。３ストランドロープの場合は、撚り目の凹凸に合わせて巻き付け、結びに荷重が掛かるときに撚り目が締まるようにします。

図4.8　木に設置されたポータラップ。フリクションデバイスの使用は、摩擦力のコントロールを容易にして、ロープの損傷も軽減できます。

# グランドワーカーの役割
## Role of the Ground Worker

**安全と良好なコミュニケーション**

作業者全員の安全がすべてに優先されます。

- ランディングゾーン：作業対象木のそばに設定し、切除物を投下したり、吊り下ろす場所をランディングゾーンと言います。その場所はいつも整理されている状態を保つとともに、クライマーとグランドワーカーがしっかりとコミュニケーションを取りグランドワーカーが安全にランディングゾーンに立ち入っても大丈夫なタイミングをお互いが把握している状態にしておく必要があります。
- コマンド＆レスポンス（指示と応答）：お互いに声掛けをすることで警告を聞き、確認し行動する、という一連の動作を確実に行います。
- クライマーからの警告指示：「スタンドクリアー！（退避せよ）」。
- 確認の応答「オールクリアー（全員退避完了）」の合図がない限り、次の工程に

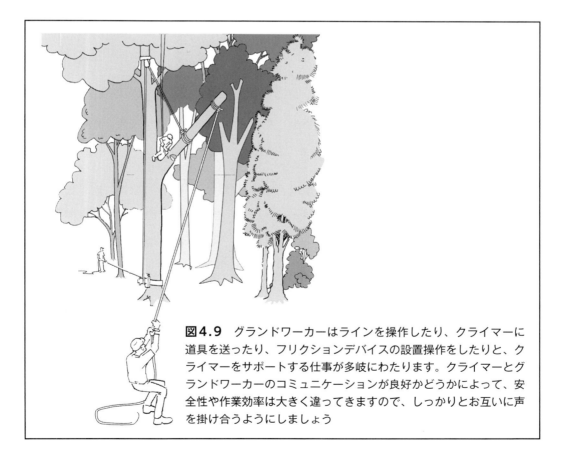

図4.9　グランドワーカーはラインを操作したり、クライマーに道具を送ったり、フリクションデバイスの設置操作をしたりと、クライマーをサポートする仕事が多岐にわたります。クライマーとグランドワーカーのコミュニケーションが良好かどうかによって、安全性や作業効率は大きく違ってきますので、しっかりとお互いに声を掛け合うようにしましょう

移行してはいけません。
- グランドワーカーがランディングゾーンに入りたい場合、その旨をクライマーに伝え、了解の返答を得てから入りましょう。
- 時には手信号も有効な手段です。

## ラインを走らせる(流す)　Running the Line

グランドワーカーはリギング作業において不可欠な存在であり、フリクションデバイスの設置やラインの操作と取りはずし、道具やラインをクライマーに送るなどの役目があります。

- ラインを巻く：グランドワーカーはフリクションデバイスであれ、木の幹であれ、何かにラインを巻き付けることで、摩擦力を利用して荷の吊り下げをコントロールします。(注：決してラインを体の一部に巻いてはいけません。また、ラインが絡まる可能性のある場所で作業してはいけません。
- リギングラインを"走らせる(流す)"：対象物を切って、それが落下し始めると、リギングラインに動荷重が掛かります。熟練グランドワーカーはこの衝撃を最小限に抑えるために、リギングラインに急ブレーキを掛けず、じわじわ流して止めます。もちろんこの技術は、対象物を落下させても良い状況のときにのみ有効です。
- どこに立つか：切り落とす枝の下に入らないことは常識ですが、それだけでは十分ではありません。すべての作業者は、リギングシステムのどこかに不具合が発生したら何が起こるかを常に考えておきましょう。万一、ラインが切れたり、器材が破損した場合でも、誰もケガをしないようにリギングシステムの外側に立つべきです。
- ラインの動きを妨げない：ロープを踏んではいけません、また作業時にロープに引き込まれることのないよう、使用するロープは常に自分の前方に置きましょう。地上でクライミングライン、リギングライン、枝、それぞれが、絡まないようにします。ロープバッグに収納すれば、ロープの絡まりや汚れを防止でき、きれいな状態で保つことができます。
- リギングラインを操作するときは必ず手袋をしましょう。

## クライマーをサポートする

グランドワーカーは道具を樹上に送ったり、ラインを操作して下ろしたり、そのラインをクライマーに戻したりするなどの作業に加え、距離の判断、作業方法の選択などさまざまなことで、クライマーをサポートします。より安全で効率的な作業を行うためにも、クライマーとグランドワーカーはそれぞれチームの一員として互いに作業を理解するように努めましょう。

## バランシング　Balancing

　リギングを行う上で重要なのは、切除した枝が振れたり落下するのを最小限に抑えることです。バランシングとは、ロープツールで枝の両端を結ぶなどして平衡（バランス）を取った状態で切除する技術です。このようにすると、チップタイやバットタイよりも、振れや、動荷重を軽減することができます。ここでは、バランシングに必要な器具やその手順を紹介します。

## やり方の一例

　適度な長さのロープを切除する枝の先と元にランニングボーライン（もしくは他の接続具）で結び付けます。そのロープの中心もしくはバランスの取れる位置に、ループロープをプルージックで結びます。リギングラインの端に輪を作るか、アイを使って、耐久性のあるスチールカラビナ（もしくは耐久性のある連結器具）で先ほどのプルージックに連結します。

**図4.10**　バランシング（バランサーとも言う）の一例。この場合は、ランニングボーラインで枝の両端にロープを結び付けています。そのロープのバランスの取れる位置にプルージックを結び、耐久性のある接続具で、リギングラインと連結しています。リギングラインは、上方のブロックを通り、振れを制御するためにタグラインが結ばれています。

- この状況でカラビナを使っても問題ありません。カラビナの長軸方向（メジャーアクシス）に荷重が掛かるようにし、あらかじめロープのたるみを取っておくことで、衝撃荷重は最小限に抑えられるからです。
- ブロックを使用する場合、吊り下げロープには最も強度があり伸長が最も少ないダブルブレイドロープが最適です。
- 常に枝の振れに気を配り、タグラインが必要かどうかをよく考えましょう。

## メリット

- 一度に大きな枝を切除することができる。
- 枝のバランスを取り、ブロックを上方に設置して、さらにリギングラインを張る

ことで、振れと動荷重を極力小さくすることができる。

## デメリット
- 設置に時間が掛かり、経験と知識が必要であること。
- 必要な器材が増えてしまうこと。

# 静荷重と動荷重
## Static vs. Dynamic Loading

　静荷重は、材自体の重さです。動荷重は、材の落下を止めようとしたとき、もしくは静止状態から動き出したときに発生します。急にスピードが変わる、つまり落下する材に急制動を掛けると動荷重は増加します。
- 動荷重は、対象木材重量の数倍になります。
- リギングポイントと、アンカーポイントで上手に摩擦力を制御してください。つまり、落ちていく材をゆっくり流していくことが大切です。落下速度を緩やかにすることは、動荷重が減少することを意味します。
- システムにロープを追加することは、エネルギーを吸収する繊維が増えることになるので、システムに掛かる動荷重を少なくすることにつながります。
- 静荷重に比べ、動荷重は、ロープ、その他の器材を傷めます。例えば90kgの物を落として発生した動荷重450kgは、静荷重での450kgよりも、ロープに損傷を与えます。
- 動荷重の見積もりを誤ると、リギングラインやリギングポイントに取り付けられたスリングを破断させてしまったり、樹木自体を損傷させることにつながります。

# まとめ

　リギング作業全般において、どうやって木材を地上に下ろすか、またどんな器材を使うかなど、選択に迷うことが多くあります。この章では、枝下ろしに適切な器材を用いて荷を自在にコントロールする手法を示しました。器材をうまく使いこなして、それに知識や経験を組み合わせて、作業効率性と安全性を向上させていきましょう。

# 第4章 枝下ろし 基本編 確認テスト

解答を、それぞれ1つずつ選択して下さい。解答は巻末(174頁)にあります。

1. リギングにおいてカラビナを使用するときに大切なことは _____ である。
    a. 衝撃荷重(ショックローディング)を避けること
    b. 長軸方向(メジャーアクシス)に荷重を掛けること
    c. ゲートに荷重を掛けないこと
    d. 上記すべて

2. ナチュラルクロッチの代わりにフォルスクロッチを使用するリギングのメリットは、_____ である。
    a. 任意の場所にリギングポイントを設置できること
    b. 摩擦力のコントロールがしやすいこと
    c. 木へのダメージを減らすこと
    d. 上記すべて

3. ダブルブレイドロープが、ナチュラルクロッチリギングに向かない理由は、_____ である。
    a. 摩擦により、(ロープの)芯と外皮の負荷が均等にならないから
    b. シングルエンドロープがあまりにも早く摩耗するため
    c. 芯だけですべての負荷に耐えなければならないから
    d. 上記すべて

4. リギングポイントになるアーボリストブロックの設置場所を決めるときには _____ 。
    a. 切った枝が振られてもツリーワーカーや障害物から離れるようにブロックを設置する
    b. ブロックを作業にちょうど良い高さに設置する
    c. 幹からブロックを離して設置すると、曲げモーメントが発生するため注意が必要
    d. 上記すべて

5. リギングブロックでの反力は、_____ 。
    a. リギングラインの負荷の半分になる
    b. リギングラインの2倍の負荷になる
    c. 枝をリフトするときに大きくなる
    d. 低摩擦のブロックを使用すると増加する

6. 材に結ばれ、グランドワーカーによってコントロールされているが、リギングポイントを通過せず、荷下ろしに使用されていないロープは、_____ と呼ぶ。
    a. タグライン
    b. バットライン
    c. チップライン
    d. ロードライン

7. 2つの物体の間の相対運動と逆に作用する力は、_____ である。
    a. 圧縮
    b. テンション
    c. 摩擦
    d. モーメント

8. リギングシステムの動荷重が懸念事項なのは、_____ からである。
    a. 負荷は、材の重量の何倍にもなり得る
    b. 衝撃荷重は、ハードウェアおよびロープの静荷重に比べ大きな負荷を掛けるから
    c. 荷重量の推定・予測がより難しくなる
    d. 上記すべて

9. 枝の揺れや落下を最小限に抑える技術は、_____ である。
    a. 切って投げ落とす
    b. バットタイで下ろす
    c. チップタイで下ろす
    d. バランシング

10. 動負荷は、＿＿＿＿＿ することで減少する。
    a．材を流す
    b．システムにロープを追加する
    c．小さく切る
    d．上記すべて

# 第5章

# 枝下ろし 上級編

# 目的

この章では、次のことを学びます。
- リギングポイントを切除対象物より上方もしくは下方に取った場合、それぞれのメリットとデメリットについて。
- リディレクトリギング及びフィッシングポールテクニックにおいて、複数のブロックを使用するときに掛かる力について。
- ベンドレシオ（曲がり率）、モーメント、メカニカルアドバンテージ（倍力装置）の原理原則について。
- 障害物によってリギングの方法が制限される場合、材の切除に適した技術の選択について。

## キーワード

| | |
|---|---|
| アーボリストブロック　Arborist block | プーリー　Pulley |
| アンカーブロック　Anchor block | プルージック　Prusik |
| ヴォルドテイントレス　Valdôtain tresse (Vt) | ベクトル　Vector |
| 受け口　Face notch | ベンドレシオ（曲がり率）　Bend ratio |
| 追い口　Back cut | ポータラップ　Port-a-warp |
| カラビナ　Carabiner | マイクロプーリー　Micro pulley |
| 加える力　Input force | メカニカルアドバンテージ（倍力装置）　Mechanical advantage |
| 最終的に対象物に加わる力　Output force | モーメント　Moment |
| タグライン　Tagline | ラチェット式ボラード　Ratcheting bollard |
| チップタイ（枝先結束）　Tip-tie | リディレクトリギング　Redirect rigging |
| 動荷重　Dynamic load | リフティング　Lifting |
| 動滑車　Moving block | ルーピースリング　Loopie |
| 反力　Reaction force | レスキュープーリー　Rescue pulley |
| フィッシングポールテクニック　Fishing-pole technique | ローワリングデバイス　Lowering device |

# はじめに

切除する枝が障害物の真上にあるのは、よくあることです。このように緻密なコントロールが要求される状況下で、リギングの基本技術をどのように高めていくのかについて本章で説明します。リギングでは、一度に大きな枝を切除して安全かつ効率よく下ろ

すことができれば、クライマーよりもグランドワーカーが多くの作業を担うことができ、作業効率が上がります。

本章では、アーボリストブロックのメリットを摩擦力の軽減という面から捉えるとともに、倍力システムの理論を、枝を引き上げる作業に応用する方法について述べます。

# ベンドレシオ (曲がり率)
## Bend Ratio

ロープがブロックやプーリーなどに掛けられているとき、そのロープには曲がりが生じています。ブロックやプーリーなどの滑車部の直径とロープの直径の比率をベンドレシオ (曲がり率) と言います。

- 荷重時には、ロープの外側の繊維は、強く引っ張られています。
- それは、曲がりがきつくなるほど顕著で、ロープの強度を著しく低下させます。
- ロープを結ぶ (ノットを作る) ことは曲がりが著しくきつくなり、ロープの強度が最大50%低下します。

原則として、ベンドレシオ (曲がり率) は4：1に。

- ロープの直径を1とすると、滑車部の直径は最低4必要です。例えば、ロープ直径が12mmであれば、滑車部の直径が48mm以上のブロック・プーリーを使用します。これを4：1のベンドレシオ (曲がり率) とします。
- 曲がりによる強度低下は著しく、上記の4：1のベンドレシオでは15%の強度低下が見られます。
- 大きな荷重が掛かる場合は、曲がりによる強度低下を緩和するために、滑車部の直径がより大きなブロック・プーリーを使用します。
- もし、ベンドレシオを4：1にするのが困難な場合は、ロープの強度低下を見越して、リギングシステムの調整が必要となります。
- 荷重の掛かったロープが静止している (流れていない) 状態では、比率が4：1より低くても大丈夫な場合もあります。例えば、スリングとして使う場合などです。いずれにしても、強度低下を少

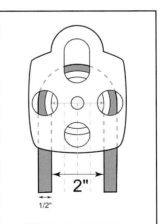

**図5.1** 曲がり率は、ロープが通る滑車部の直径と、ロープ自体の直径との比率です。比率は図に示すように、少なくとも4：1が求められます。

なくするには、より大きな曲がり半径が望ましいということを、常に念頭に置いておきましょう。

# ブロック使用時のロープ角度

ロープがブロックやプーリーを介して角度を生じている場合、ロープ両端に掛かる力が合成されると同時に、反力が生まれます。この力はロープの角度によって生まれるベクトル量になります。

- 例えば、ロープの両端がプーリーから真下（垂直方向）に出ている場合、反力はロープに掛かる力の2倍になります。（図5.3）
- 一方、ロープの角度が広くなるにつれ、反力は2倍より少なくなっていきます。これはベクトルの原理で考えると理解できます。角度が広くなればなるほど、水平方向の力が増え、垂直方向の力が減っていくからです。
- ブロックを通るロープの角度が120度のとき、ブロックに掛かる反力は、荷重と同じになります。（図5.2）

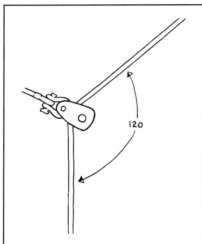

**図5.2** ブロックを通るロープの角度は、ブロックに掛かる力に影響します。ロープの角度が120度のとき、ブロックに掛かる反力は、おおよそ片方に吊るされている荷重と同じになります。

リディレクトリギング（後述）の欠点として思い浮かぶものは、主幹から離れた枝先に反力が掛かるという点です。クライマーは幹から離れた枝先にリギングポイントを設ける場合、枝が折れる可能性が増すことを認識しておく必要があります。これは、リギングポイントと支点（枝の付け根）間

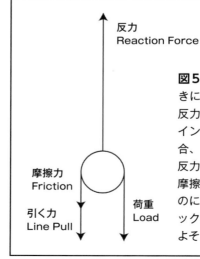

**図5.3** ブロックに対して下向きに掛かる力と上向きに掛かる反力のベクトル図。リギングラインが平行に折り返している場合、リギングブロックに掛かる反力は、荷重、それを引く力、摩擦力、それぞれを加算したものになります。この場合、ブロックに掛かる反力は荷重のおおよそ2倍になります。

の距離が伸びるほど、支点に掛かる力が増えるてこの原理によるものです。

- リディレクトリギングは、樹冠により多くの支点を設置することによって力を分散させるやり方が適当です。
- 木に、個々の状況ごとにどのような影響が及ぶかを正確に予想するため、クライマーは発生する反力とその方向、またそれらの力による枝の曲がり（枝がどの程度まで折れずに耐えられるか）等を考慮する必要があります。

# リギングポイントを切除する枝より上方に取る場合

切除した枝をロープで下ろしたい場合、対象物の上方にリギングポイントを取る方が良いでしょう。この技術はリギングラインに掛かる荷重を軽減し、荷のコントロールを容易にします。

## リディレクトリギング
Redirect Rigging

リディレクトリギングとはリギングポイントに掛かる荷重量を減少させたり、力のベクトルを変えるための技術です。リギングポイントとする枝が脆弱な場合などに利用します。ラインの方向を変えるために、複数のプーリー、ブロックを作業箇所の上方で使用します。アーボリストブロックが普及する以前は、作業箇所上方にある木のまたの数カ所にラインを通して、主となるリギングポイントに掛かる力を軽減し、枝の着地点をコントロールしていました。

クライマーは着地点（ラン

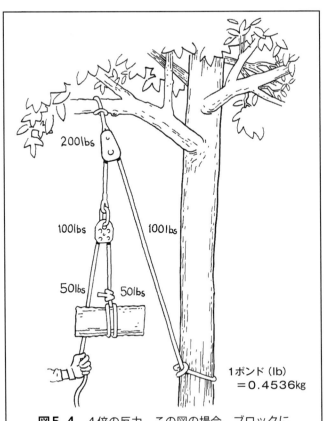

**図5.4** 4倍の反力。この図の場合、ブロックに掛かる反力は荷重のおおよそ4倍になります。

1ポンド（lb）
＝0.4536kg

ディングゾーン）の上に2番目のブロックを設置する必要のある場合があります。この目的は、
- 切り離した後の振れの制御。
- 目的の着地点に真っすぐ下ろす。

リディレクトでは、リギングシステムと木に掛かる荷重が変化します。その場合、
- 反力を考慮しなくてはなりません。
- タグラインなどのロープをシステムに追加することで、衝撃荷重を軽減することもできます。

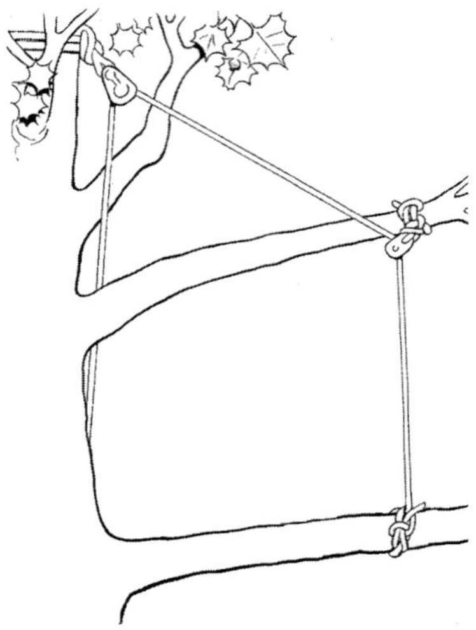

## チップタイ & リフト
Tip-Tie and Lift

最初に枝を垂直に引き上げてから下ろした方が、作業上効果的な場合があります。ほとんどの場合、枝の重量はグランドワーカーより重く、引き上げるには別の力が必要となります。

**図5.5** リディレクトされたリギングライン。リディレクトは、切り離した後の枝の振れを抑えたり、特定の場所に荷を下ろすのに役立ちます。リディレクトによって、木に掛かる反力は変化します。

**作業手順**
- 引き上げる枝の上方にリギングポイントを設置します。枝の振れを最小にするために、リギングポイントはできるだけ切断部分の真上に設けるようにします。
- まず、枝の上側にリギングポイントに向かって受け口を作り、グランドワーカーは枝先側にセットされたラインを張ります。
- クライマーは枝の下側から追い口をいれてい

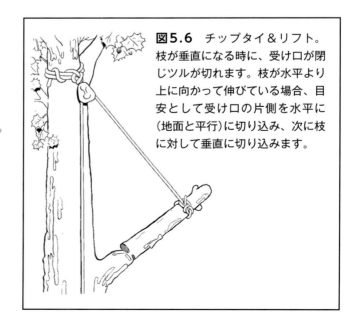

**図5.6** チップタイ & リフト。枝が垂直になる時に、受け口が閉じツルが切れます。枝が水平より上に向かって伸びている場合、目安として受け口の片側を水平に（地面と平行）に切り込み、次に枝に対して垂直に切り込みます。

第5章　枝下ろし　上級編

きます。カギとなるのは、枝が垂直になったときに受け口が閉じ、ツルが切れるようにすることです。枝が水平より上向きに伸びていた場合、目安として、まず受け口の片側を水平（地面と平行）に切り込み、もう片側は枝に対して垂直に切り込むとよいでしょう。

- クライマーが追い口を切り終わったら、グランドワーカーは枝を持ち上げるためにリギングラインを引き始めます。
- また、切除した枝の振れを防ぐために、枝の元部分にタグラインを結束しておくことが必要な場合もあります。予備のリギングラインを枝元側に結束して、枝が垂直になる前にツルが切れたときに掛かる衝撃荷重を緩和することができます。

引き上げに必要な力を得る方法

- 引き上げ用ボラード（筒状器材）：通常、ボラードは木に設置してローワリングデバイス（巻き付けたロープの摩擦力によって、ラインを送り出す速度をコントロールできる下げ荷用器材）として使用しますが、リギングラインを張り上げることにも使えます。
- ラチェット式ボラードはボラードにリギングラインを数回巻いて、専用のバーを使用してラチェットを操作し、筒を回転させます。巻き付けたロープには摩擦力が生じるため、筒は空転しません。てこの原理で、人の小さな力でも大きな荷重の掛かったラインを巻き上げることができます。
- 手回しウインチ式のローワリングデバイスもあります。この器具は、ギアを変えることで巻き上げ力・速度を変えることができます。
- プーリーシステムで倍力を生み、ラインを張って引き上げることもできます。

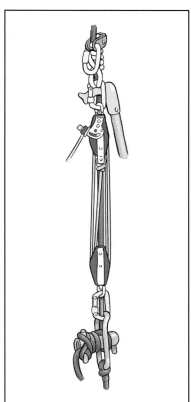

**図5.7**　フィドルブロックは、倍力（メカニカルアドバンテージ）を生み出す装置です。リギングラインを張り上げる際には、システムの引き上げにポールソーが、システム解除にマイクロプーリーが役立ちます。（詳しくは後述）

## モーメントの概念と働きの理解

モーメントとは物体に回転を生じさせる力の働きです（P29参照）。ある点を中心とし、そこを軸にして離れた点で力が作用すると、モーメントの働きに

よって回転運動が起こります。このとき、回転運動の中心点（支点）から力の作用点までの長さをモーメントアームと呼びます。モーメントはベクトル量であり、大きさと方向を持ちます。ここでポイントとなるのは、モーメントアームの長さ、そしてモーメントアームに対して垂直方向に働く力の大きさによって、モーメントの大きさが左右されるという点です。

- ロープを引く力、モーメントアームの長さ、そしてロープを引く方向とモーメントアームの角度を見れば、枝を引き上げるのに必要なモーメントの大きさが計算できます。しかし、枝の自重によって引き上げる反対の方向に生じるモーメントも考慮しなくてはいけません。もっとも、この計算には葉を含めた枝全体の重量配分、ツルの強度、そして加わっている力の角度すべてを知る必要があり、実際には困難です（一般的なツリークライマーにとって簡単な計算ではありません）
- しかし、モーメントの概念を理解することで、効率よく枝を引き上げるために必要な3つの事柄が分かるはずです。それは、次の3つです。
- 強く引くこと。
- できるだけ枝先の方に（切る位置から遠くに）ロープをセットすること。
- 枝に対して垂直方向にロープを引ける位置にブロックを設置すること。

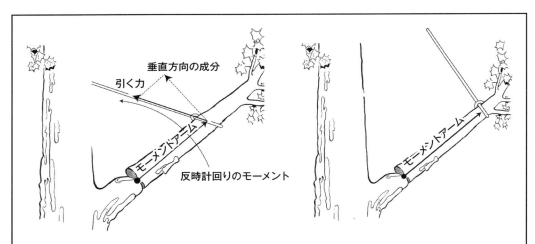

**図5.8** 枝を引き上げるときのベクトル図。モーメントを生み出すのは、ロープを引く力のうち、枝（モーメントアーム）に対して垂直方向の成分だけです。右図のようにリギングラインをセットする位置を枝先側に変更する（モーメントアームを長く取る）ことで効果的に引くことができます。同時に、枝が垂直になる前に結束部分がブロックに到達してしまうことを防ぎます。

## リギング作業時の倍力システム　Rigging Mechanical Advantage

　メカニカルアドバンテージ（倍力）は実際に引いた力よりも大きな力をプーリーとロープを利用して発生させることができ、よくリギング作業に使います。それらのシステム（倍力システム）を設置する場合、安全を考慮することが重要です。
　倍力システムに求められる機能として、次のものが挙げられます。
- 引いている作業中に、テンションが掛かった状態のままシステムをロックできること。
- 引いたロープが戻されることなく、引き続けることができること。
- リギングラインの緩みを取ることができること。
- 枝を降下させる前に、このシステム自体を取り外すことができること。

　メカニカルアドバンテージのシステムのセットは比較的容易です。まず、ヴォルデイン（Vt）もしくは、ロープクランプをリギングライン上にセットします。次に、このVtやロープクランプに、スチールカラビナを使ってベケット付き（上下にアタッチメントポイントのある）レスキュープーリーをセットし、2つ目のプーリーをポータラップにセットします。最後に、スリングなどを使ってポータラップを立木など（アンカー）にセットし、リギングラインを2つのプーリー間に通して完成です。リギングラインをロックするときはポータラップに巻き付けます。

　Vtやロープクランプはポールソーに付いているフックを利用してリギングライン上を移動させることができます。
　2つのプーリー間の距離を長く取ることで、一度に引く距離が増え、システムを頻繁に再調整することなく大きく枝を引き上げることができます。一度に長い距離を引けるようにセットすると、Vtに手が届かなくなって解除に困る場合もあります。そんなとき、マイクロプーリーとカラビナをVtの先にセットしておけば、このマイクロプーリーを（ポールソーのフックなどを使って）引いてVtを緩めることで、リギングラインに強い荷重が掛かっている状況でも、安全にシステムを元に戻したり、解除することができます。
　リギングラインにラインの張りを保ったまま固定できるプルージックを追加する（図5.9参照）とシステムを引く作業者が作業を中断しても、リギングラインが戻っていかなくなるので、1人の作業者がメカニカルアドバンテージのシステムを操作している隣で、同時に別のもう1人がポータラップに巻いてあるリギングラインのたるみを取ることができるようになります。このプルージックをリギングラインのどこにセットすればいいかというと、システムを引く力が緩んだときに、リギングラインがアンカー側のプーリーから出て行く方向に動くライン上です。
　**注意**：メカニカルアドバンテージのシステムは、非常に効率的で、強い力を生み出

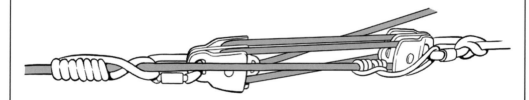

**図5.9** メカニカルアドバンテージはリギングライン上に複数のプーリーを用いてセットできます。ヴォルドテイントレス（Vt）はリギングラインとの連結（把持）に使われ、位置調整が可能です。この図の装置は5倍力です。右側にある張力ロック用のプルージックに注目してください。このプルージックがあると、リギングラインの張りを保ったまま、Vtをスライドさせて上方に送ったり、システムを解除することが可能になります。

しますので、この力が他の器材の限界作業荷重（WLL）にどのように関わってくるかを理解しておく必要があります。

## メカニカルアドバンテージ（倍力システム）の理解

　ニュートンの法則（作用・反作用）の原理から、プーリーやボーラインオンアバイトのループなどによって、力が作用・反作用に掛かる状態ではロープには、ロープ自体に掛かる力より大きな反力（反作用）が生じることが分かります。このように力が増加すること（倍力）をメカニカルアドバンテージと言います。この仕組みを利用して、ロープで直接荷重を引くより小さい力で引くことが可能になります。

　メカニカルアドバンテージを理解する最初のステップは、いくつかの前提条件の下で考えてみることです。すなわち、次に挙げる4つの前提です。

- システム上の摩擦力はないものとすること。
- リギング用器具・器材の重さは考えないこと。
- ブロックを通過するリギングライン同士はすべて平行であること。
- リギングラインを引く力は、システム内で常に一定であること。

　最後の前提は、摩擦力を考えないとした最初の前提の結果であり、複雑に考えすぎないためです。

　これら4つの前提で考えることによって、倍力の計算は単純化でき、現場でのさまざまな状況に当てはめることができます。これらの前提が成り立たない状況では、メリットが減少します。例えば、ロープのみでメカニカルアドバンテージを作り出そうとすると、ロープに大きな損傷を与える可能性があります。ロープ同士が鋭角に折り曲げられている状況では、ちょっとの荷重でも大きな摩擦力が発生するからです。このときの、摩擦

第5章　枝下ろし　上級編

熱の発生やロープ繊維へのダメージは、ロープを著しく損傷させます。

基本的なメカニカルアドバンテージシステムでは、次の3つの力が変数となります。

- ロープを引く力。
- 動滑車に発生する倍力。（ここに荷をセットする）
- 定滑車に発生する反力。

動滑車は荷にセット、もしくは最も加重したい場所にセットするものであることに注目してください。一方の定滑車は固定された場所、例えば立木やトラックに固定して使うものです。

この3つの変数があるため、システムの正確な計算は困難です。それでも、大まかに見積もることができる変数があります。それはロープを引く力です。もし人がロープを引くのであれば、その人の体重とほぼ同じ力がロープに掛かります。

動滑車で発生する倍力は、ラインを引く力に動滑車を通るラインの数（見掛け上の本数）を掛けたものになります。（**図5.10**の例では、動滑車に5本ラインが掛かっているので、動滑車で発生する倍力は5倍となります。）

最後になりましたが、アンカーに掛かる力もきちんと考慮しましょう。これは、引く力に定滑車（アンカーに固定された滑車）を通るラインの数を掛けたものとなります。

例えば、衝撃荷重が掛かったときなど、アンカーに掛かる力が出力よりも大きくなることがありますが、いったんアンカーに掛かる力が出力

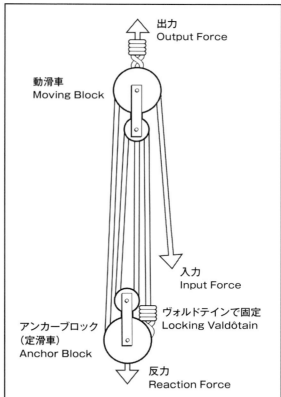

**図5.10**　メカニカルアドバンテージシステムの各部について。この図の場合、ライン5カ所が動滑車（図中で上の滑車）に掛かっています。このことから分かるのは、引く力の5倍の力が発生するということです（5倍力システム）。また、定滑車（図中で下の滑車）には引く力の4倍の反力が掛かります。

を超えると、そのリギングシステムは不具合を起こす可能性があることに注意しましょう。この場合、作業者が力を浪費するだけでなく危険な状態におかれていることが考えられます。そのときは、作業者を安全な場所に移動させ、不用意にその加重を解除することはやめましょう。

先に述べた計算方法によって、発生する倍力がロープや使用器材の限界使用荷重に達していないかを簡単に判断できます。ただし、木の枝など使用するアンカーの強度を知ることは困難なことです。プーリーを追加して更に大きな倍力を生み出す（その結果、アンカーへの荷重も増す）かどうかの判断は、経験が非常に重要となってきます。

## リギングポイントを 切除する枝より下方に取る場合

通常、リギングポイントは切除する対象物より上に取ることが望ましいのですが、いつもそれが可能だとは限りません。リギング技術の中には、リギングポイントを切除対象物より下方に取ったときでも、安全に作業できる方法があります。

### フィッシングポールテクニック　Fishing-Pole Technique

時に、障害物の上に長く伸びた枝を切除しなくてはいけない、しかし、上方にリギングポイントを取る場所がないという状況に直面します。こういう場合、「フィッシングポールテクニック」が良い選択肢となるでしょう。この技術では、切除するする枝下に複数のアンカーポイントを設置し、そこにリギングラインを通します。この方法は使用するロープの長さが増えるので、衝撃荷重を軽減することにもつながります。また、リギングラインが他の枝に干渉せずにすむというメリットもあります。

手順
- アーボリストブロックを枝の下側にセットします。
- 枝先に向かって、3ｍほどの間隔でスチール製のレスキュープーリーもしくはシャックルをセットし、そこにダブルブレイド構造のリギングラインを通していきます。プーリーをセットする際には、頑丈なスチールカラビナを使い、長さ調整可能なルーピースリングを使うと簡単にセットできます。シャックルは、スリングに直にセットしても構いません。なお、リギングラインが動く際、シャックルのピンに接触すると開いてしまう恐れがあるので注意しましょう。

- 最初に切除する部分のすぐ手前にはプーリーではなく衝撃荷重に強いアーボリストブロックをセットしてください。ナチュラルクロッチよりも、ブロックを使うメリットは、任意の位置にリギングポイントを設けられる点にあります。すなわち、枝を切断した際に掛かる荷重がシステムの耐荷重を超えないよう、ブロックの位置を調整できる（ブロックの位置から枝先の部分が荷となる）ということです。

図5.11 フィッシングポールテクニックによる枝のリギング。リギングポイントは対象物よりも下方にありますが、枝に沿って設置されたブロック（もしくはシャックル）によってラインの方向（角度）が変わるため、最初のブロックに掛かる衝撃荷重を軽減します。円中は、ルーピースリングをガースヒッチでセットする際の適切な結び方です。

- ヒンジカットで枝を切除していきます。まず受け口を作り、リギングラインを切除する部位の元にハーフヒッチとランニングボーラインで結んでから、追い口を入れます。
- グランドワーカーは、ポータラップや、他のフリクションデバイスを使用して切除した枝を下ろします。
- 以上のやり方を繰り返して枝を切除していきます。プーリーもしくはシャックルは、毎回アーボリストブロックに付け替えます（フィッシングポールの先端は必ずアーボリストブロックにします）。もし切除した枝が振れる恐れがある場合は、タグラインを追加しましょう。

メリット
- ブロックを樹上高く設置する必要がない。
- ブロック及びフリクションデバイスへの摩擦抵抗が作業を通して安定している。
- フィッシングポールテクニックとともにシステムに使用するロープの長さが増えることで、更に衝撃荷重が軽減される。
- ブロックを通るロープの角度が広がるほど反力が軽減される。

デメリット
- 使用する器材、作業量が増える。
- 衝撃荷重が掛かる。
- (切除する枝自体に)曲がりモーメントが発生する。

## まとめ

　この章では、実際のリギング作業において、いかに樹上から大きな部位を安全に地上に下ろすことができるかについていくつかの例を示しました。高度な手法を用いるには、その科学的根拠や原理を理解する必要があります。リギングで生じる力を正確に計算する必要はめったにありませんが、仲間と作業計画を練るときに物理学的な視点で考えてみることは、より安全性を高めることにつながり、作業を成功に導くことでしょう。リギングシステムの各所で何がどう変化するかを理解することで、高度な手法を用いる作業であっても、自信を持って計画を立てられるようになります。

# 第5章 枝下ろし 上級編 確認テスト

解答を、それぞれ1つずつ選択して下さい。解答は巻末(174頁)にあります。

1. 一般的に使用する技術を用いて材をロープで下ろす際に、リギングポイントの位置は _____ に取る。
    a．切除する部分の下に
    b．切除する部分の上に
    c．切除する部分と同じ枝に
    d．可能であれば木の幹から離れた場所に

2. 作業場所の上に複数のプーリーまたはブロックを使用する技術は、_____ である。
    a．フィッシングポールテクニック
    b．リディレクトリギング
    c．メカニカルアドバンテージ
    d．チップタイ＆リフト

3. ロープの強度低下を最小限に抑えるために、荷重を受けたロープが何かの物体を乗り越えて通過する場合、その物体に必要とされる直径は、_____ である。
    a．ロープの直径の少なくとも4倍
    b．ロープと同じ直径
    c．ロープの直径の半分以下
    d．ロープの直径の2倍

4. 滑車に通したロープの両端が真っすぐに垂れ下がり、一方の部分に荷重が掛かり、他方が固定されている場合、反力はロープに掛かる力の2倍になります。ブロックから垂れ下がる2本のロープの角度が増加すると、反力は _____ 。
    a．2倍になる
    b．増加する
    c．減少する
    d．変わらない

5. チップタイ＆リフトで作業する場合、受け口が閉じてツルが切れるときは、_____。
    a. 枝が45度の角度にある
    b. ツルが45度の角度である
    c. 枝が水平面でちぎれる
    d. 枝が垂直になる

6. モーメントを利用して、枝を効率的に引き上げる（リフティング）ためには _____ 。
    a. 強く引く
    b. ロープをより枝先に結ぶ
    c. 枝に垂直な方向に引っ張る
    d. 上記すべて

7. プーリーシステムを使って何かを引き上げるメカニカルアドバンテージ（倍力）を生み出す場合、システム自体を調整することなく引き上げる距離をできるだけ大きく取るには _____ 。
    a. 動滑車とアンカーブロックをできるだけ離して作業を始める
    b. ヴォルドテイントレスを使って、ロープをロックする
    c. 動滑車とアンカーブロックの間の距離をできるだけ少なくする
    d. ヴォルドテイントレスに補助用マイクロプーリーを追加する

8. 動滑車で発生するメカニカルアドバンテージ（倍力）の力の大きさは、ロープを引く力に _____ を掛けたものです。
    a. システム内のプーリーの数
    b. アンカーブロックでの反力
    c. 動滑車を通るロープの数（見かけ上の本数）
    d. アンカーブロックのロープの数

9. 切除する枝の下側に複数のリギングポイントを設けて、そこにリギングラインを通して枝下ろしを行う技術は _____ である。
    a．リディレクトリギング
    b．フィッシングポールテクニック
    c．スピードライン
    d．バットヒッチング

10. フィッシングポールテクニックのデメリットは、_____ である。
    a．曲げモーメントが生じること
    b．システム内の余分なロープが動荷重を増加させること
    c．ブロックが不均一な摩擦を生じること
    d．材がスイングしてクライマーに当たること

# 第 6 章

# 複合的な
# リギングテクニック

# 目的

この章では、次のことを学びます。

- 大きな部位を切除するときに、どのようにロープと器材を追加すれば、安全かつコントロールして荷を下ろせるか、また周辺器材への負担を軽減できるかについて。
- スタティックリムーバブルフォルスクロッチの設置と撤去方法、また使用時に掛かる力の特徴について。
- スピードラインのメリットとデメリット、またスピードラインを使える状況について。
- フローティングアンカーをスピードライン上にセットし、どのように使用するかについて。

## キーワード

| | |
|---|---|
| アーボリストブロック　Arborist block | ドリフトライン　Drift line |
| アンカー　Anchor | ノットレスシステム　Knotless system |
| コントロールライン　Control line | バイト　Bight |
| シーブ　Sheave | プルージック　Prusik hitch |
| スタティックリムーバブルフォルスクロッチ<br>（地上から設置・撤去が可能なフォルスクロッチ）<br>Static removable false crotch | フローティングアンカー　Floating anchor |
| | ランニングエンド　Running end |
| スタンディングパート　Standing part | レスキュープーリー　Rescue pulley |
| スパイダーバランサー　Spider balancer | ロードトランスファー　Load-transfer |
| スピードライン　Speedline | ロードライン　Load line |
| スリング　Sling | ローワリングライン　Lowering line |
| 動荷重　Dynamic load | ワーキングエンド　Working end |

# はじめに

　どんな現場でも、どんな枝や樹冠であっても、それを切除するための技術や方法はたいていの場合、選択肢がたくさんあります。アーボリストは経験を元に、それぞれの作業状況において、最も安全、簡単、かつ効率的な技術を選んでいます。場合によっては、作業スペースが非常に限定される現場や、たくさんのロープや器材を使う現場、緻密な計画や経験が要求される現場などもあることでしょう。しかしいったん、基本的技術を習得してしまえば、器材を組み合わせてリギング技術を複合させたりして、その時々で状況に合わせたリギングの方法を生みだすことができるようになります。

# ロードトランスファーライン
## Load Transfer Line

　ロードトランスファーラインとは名前が示すとおり、あるラインから別のラインに荷重（load）を移動（transfer）させることで、通常は、対象木下方の障害物を避けて荷を横に移動させながら下ろす際に使用します。この手法には、スピードラインを含め多数のバリエーションがあります。

　ロードトランスファーラインを使用する際、通常は２本目のラインを他の立木に設置し、切除物の降下速度を減速しながら最初のリギングポイントに掛かる荷重を減らし、第２ラインに荷重を移しながら着地点へと導きます。

　時には切除した枝の荷重が両方のラインに均等に掛かる場合もあるでしょう。いずれにしても、最終的には着地点（に近い）側のラインに、荷重がもう１本の木から完全に移されます。

**図6.1**　ロードトランスファーラインの一例。タグラインでは引き込みきれない枝を、離れた場所にある、望む着地点に運びます。この手法は、ドリフトラインとも呼ばれます。

## ドリフトライン　Drift line

　ロードトランスファーラインの1つの応用例で、タグラインでは引き込みきれない枝を、離れた場所にある、望む着地点に運びます。この手法をドリフトラインと言います。ラインを使って大きな枝を移動するときには、摩擦力を常に考慮しなくてはなりません。ですから、ドリフトラインを採用するときには、ブロックを使用しましょう。両方のラインとも最初は張った状態にしておきます。枝を切除して荷重がラインに掛かったら、この2本のラインをコントロールして目標の着地点に運びます。第1ラインを緩めると、荷は2番目のリギングポイントの方に"流れて"いきます。第1ラインが緩んだと同時に第2ラインを引っ張ってたるみを取ると枝が横方向に動いて下方にある障害物と距離を保つことができます。経験あるグランドワーカーならば、2本のラインを操り衝撃荷重を調整して、荷の振れを抑えながら離れた着地点に下ろすことができます。

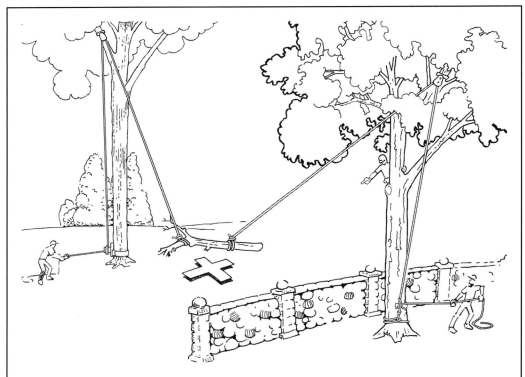

図6.2　枝を切除して荷重がラインに掛かったら、この2本のラインをコントロールして目標の着地点に運びます。第1ラインを緩めると、2番目のリギングポイントの方に"流れて"いきます。第1ラインが緩んだと同時に第2ラインを引っ張ってたるみを取ると枝が横方向に動いて下方にある障害物と距離を保つことができます。

# スタティックリムーバブルフォルスクロッチ
Static Removable False Crotch

　フォルスクロッチの設置方法には、木に登ってセットする方法のほかに、地上にいながら樹上にブロックを設置し、撤去もできる方法があります。これをスタティックリムーバブルフォルスクロッチと言います。

- いくつかの方法がありますが、最も簡単なやり方は、ブロックを固定するライン（アンカーとなる）を枝のまたに掛けた後、リギングラインを通したブロックを、ブロック固定用のラインのワーキングエンドに取り付けます。ブロックを引き上げたら、ブロック固定用のラインのランニングエンドを適当な箇所へしっかりと固定します。この方法はとても簡単ですが、リギングラインに掛かる荷重の4倍がアンカーに掛かるため、衝撃荷重が掛かったり、大きな枝を切除する場合には適しません。

　次に紹介する別の方法を採用することで、リギングポイントに掛かる力を軽減することができます。

- まずはスローラインをアンカーとなる目的の枝に掛けます。次に使用するリギングラインのスタンディング部分を折り曲げて、そのバイト（折り曲げ部分）にスローラインを結び付けてラインを掛け替えます。
- 折り曲げた状態のリギングラインが枝にセットできたらそのバイトにブロックの回転シーブをセットして、ブロックの固定シーブには固定用のライン（スタティックライン）を通します。
- ブロックに2本のラインがセットできたら、次にスタティックラインで大きな輪を作り（図6.4）、その内側

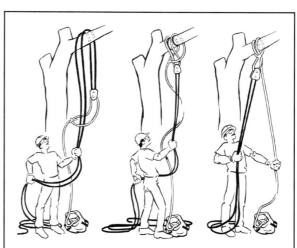

**図6.3**　スタティックリムーバブルフォルスクロッチとは、地上にいながら樹上にブロックを設置し、撤去もできる方法です。手順は、リギングラインのスタンディング部分にバイトを作り、そのバイトに、先に掛けておいたスローラインを結び付けて引き上げてリギングラインを枝のまたに掛けます。下りてきたリギングラインをブロックの回転シーブに通します。次に枝のまたに固定するライン（スタティックライン）をブロックの固定シーブに結び付けます。続いて、リギングラインの周りに、スタティックラインで大きな輪を作り（図6.4）、その状態でリギングロープの両端を引き、結んだ輪を木のまたまで引き上げ、チョーカーヒッチ（ガースヒッチ）でブロックを固定します。

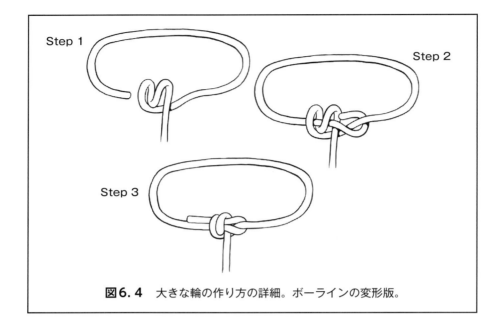

図6.4　大きな輪の作り方の詳細。ボーラインの変形版。

にリギングラインのワーキングエンドとランニングエンドを入れます。
- リギングラインの両端を引き、スタティックラインの輪を枝のまたまで引き上げ、ブロックがガースヒッチで固定されるようにします。この方法だと、アンカーに掛かる力はリギングラインに掛かる荷重の2倍になります。ブロックを撤去するときは、スタティックラインのランニングエンドを引き下げることで、システム全体を回収することができます。

# スパイダーバランサー
## Spider Balancer

時には、除去した枝を緻密にコントロールしバランスを取りながら移動して下ろす必要があります。例えば、非常に脆い枝や幹や高価な障害物上の枝を除去する場合です。その様な場合、スパイダーバランサーという技術を用いると、大きく広がった枝を切断する際、木口や枝を振ったり落としたりすることなく、下ろすことが可能になります。

## 手順

- 切除する枝のバランスが保たれるように連結点（ラインやスリングをセットする点）を複数設けます。

- スリングを枝のバランスを取る上でカギとなる場所に結び付け、プルージックもしくはその他のフリクションヒッチで荷下ろし用ライン（リギングライン）に連結します。その際、接続機器を使用することも可能ですが、プルージックの方が調整しやすくバランスを取りやすいでしょう。

## メリット

- 荷のコントロール性に最も優れている。
- さまざまな形状に対応できる。
- ドリフトラインやタグラインなどと、組み合わせることができる。

## デメリット

- セッティングが複雑でバランスを取るのが難しく、作業に時間が掛かる。
- ギアを数多く必要とするので、スリングとリギングラインをそれぞれ適切に組み合わせる必要がある。
- 技術とチームワークが要求される。

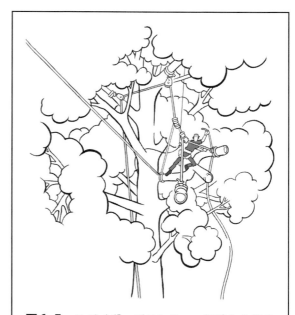

**図6.5** スパイダーバランサー。切除した枝のバランスを保つために連結点を複数設けます。スリングを枝のバランスを取る上でカギとなる場所に結び付け、プルージック、もしくはその他のフリクションヒッチで荷下げ用ラインに連結します。その際、接続機器を使用することも可能ですが、プルージックの方が調整しやすくバランスを取りやすいでしょう。タグラインを追加することで、振れを制御することができます。

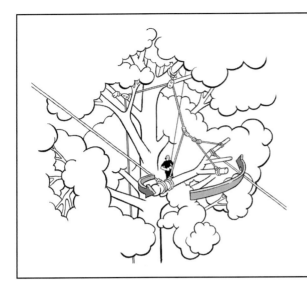

**図6.6** この図では、ブロックを2つセットして、荷重ライン（リギングライン）をリディレクトしています。枝の吊り位置を変えることで、枝をスイングしたり方向転換させやすくしています。

**図6.7** スパイダーバランサーはドリフトラインにも用いられます。メインの荷重ラインを緩めたとき、枝は第2荷重ラインが設置された別の木の方向に流れてゆきます。

第6章 複合的なリギングテクニック

**図6.8** この図に示されるような複合的リギングシステムには、適正な技術および器材の選択が求められ、そしてクライマーとグランドワーカー間のコミュニケーションが良好でなければいけません。このような特殊なリギングシステムは頻繁には用いませんが、基礎的なリギング技術を複合することで、さまざまな作業状況に適応できるシステムを構成することができるということを示しています。

# スピードライン
Speedline

## メリット

- スピードライン（図6.9参照）は、さまざまあるリギング技術の中で最も有用なシステムの1つであり、作業効率を高めることができる。
- 主なメリットは、枝や幹を離れた場所に下ろすときに、スピードラインに荷をぶら下げた状態で移動させることができること。

## デメリット

スピードラインを使用しないで作業を行う方がよい場合もあることを念頭に置いておきましょう。

- この技術ではそれぞれのアンカーに非常に大きな力が掛かるので、器材の取り扱

いが安全に直結すること。
- スピードラインは複数の器材を組み合わせてシステムを構築します。そのため、設置に時間が掛かってしまうこと。

## 手順

スピードラインは応用範囲の広い技術で、たくさんのやり方があります。例えば図6.9では滑車を使って荷を流していますが、軽量な枝なら滑車の代わりにカラビナを直接ラインに掛けて流すこともできます。より安全なのは滑車であり、操作性も摩擦が少ない滑車の方が良いです。しかし、器材がたくさん必要になりますし、カラビナで摩擦を効かせて荷を下ろしたい場合もあるでしょう。

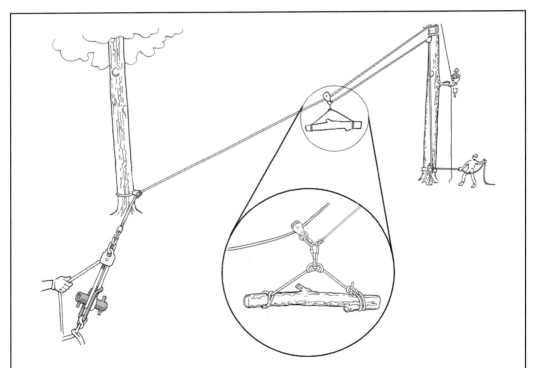

**図6.9** リディレクトスピードラインの模式図。スピードラインは対象木もしくは他の木にある高いアンカーから、通常は他の木にある低いアンカーまで対角的に伸びています。この図のスピードラインは、左の立木でリディレクトされロープの向きを変えて、（スピードラインを張るための）新たなロープ（とプーリー）をシステムに加えています。ロードライン（コントロールライン）は、ブロックを介して、除去される木の幹まで伸びており、スピードラインと平行に下っていきます。スピードラインを使って、落下する木を制御してはいけません。コントロールラインが、通常のロードラインのような役目を果たします。

スピードラインはその時その時の状況に合わせて器材を選択し、安全で、かつ作業効率の良いシステムを構築してください。

- 2本のロープを使ってセットします。スピードライン（1本目）は、対象木もしくは他の木にある高い支点から、（通常は他の木にある）低い支点まで対角的に張ります。コントロールライン（2本目）は、ブロックを介して切除される木の幹まで伸びており、スピードラインと平行に下っていきます。

**注**：スピードラインに衝撃荷重（例えば材の落下を阻止しようとするなど）を掛けてはいけません。コントロールラインはリギングラインとして働きます。なお、これまで紹介してきたコントロールやタグラインもロードライン（リギングライン）としての機能があるということを覚えておきましょう。ちなみに、ロードラインとよく出てきますが、これは荷重の掛かったリギングラインのことです。

- 切除した部位が静止した後（場合によっては、その部位は下にある障害物を避けるため、スピードラインに連結する前に、吊り上げる必要があるかもしれません）その部位を何かしらの方法でスピードラインのプーリーに連結し、コントロールラインで下降速度を制御しながら地上に下ろします。

**注**：原則的にスピードラインに掛かる静的な力は、リギングポイントから荷が落ちたときに掛かる衝撃荷重による力と同程度と考えます。ですので、使用するロープ、アンカー、器材は、どのくらい衝撃荷重が掛かるかを把握した上で選択していきましょう。

## スピードラインの使用

- 枝を木から切除するとき、クライマーは、リギングブロックを樹上高く配置し、それよりも高いクライミング用の支点を作り、リギングラインを設置します。12ストランドロープは、比較的伸長性があり、荷が落ちたときに掛かる力を軽減する特性を持つので、リギングラインに向いています。リギングラインは、スピードラインで荷が下りるときに、コントロールラインの役割も果たします。
- 枝の切除は作業箇所がリギングポイントの上方・下方に関わらず、標準的な手法で行います。適度な長さのあるロープを枝の両端それぞれに結び付けた後、さらにそこにアタッチメント（図6.9でいうプルージック）を取り付ける余裕を見ておきます。
- 通常、スピードラインの先端は切断部分の近く、かつ、それよりも高い位置にセットします。樹上を移動して切り進めていくクライマーにとってランニングボー

ラインは結びやすくほどきやすいので、作業上よく使う結びです。リギングポイントが作業位置より高く、荷が大きくない場合、衝撃荷重は極々小さくなることから、切除部位を切断する前にスピードラインに連結しておくことができます。ただし、スピードラインのテンションは枝を切断した後に掛けるべきです。なお、スピードラインに使うロープは荷を吊って下ろすときにラインの張りが保たれるように、低伸縮性のものが適しています。

- リギングライン(ロードライン、コントロールライン)の端(ワーキングエンド)は、カラビナを介してスピードライン上のレスキュープーリーに接続されます。この方法は静的荷重のときのみ使用します。
- スピードライン上を走るプーリー(トラベラーシステム)の選択が、システムの働きに大きく影響します。プーリーはロープが詰まることのないよう側板に十分な幅があり、プーリー自体がひっくり返る性質がないことが重要です(プーリーのひっくり返り防止については、図6.10参照)。これらの要素は、材を降下させるとき、またプーリーとコントロールラインを引き寄せるときに重要です。
- リギングポイントが切断部位より下方にある場合、スピードラインは、リギングブロックより上、切断場所より下に設置します。スピードラインを最初たるませ

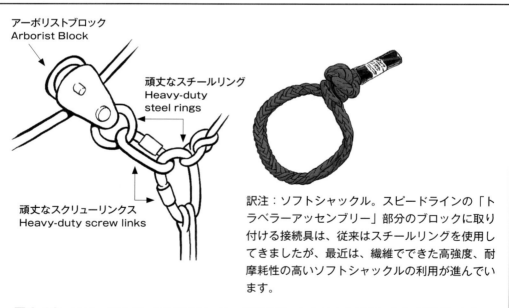

訳注:ソフトシャックル。スピードラインの「トラベラーアッセンブリー」部分のブロックに取り付ける接続具は、従来はスチールリングを使用してきましたが、最近は、繊維でできた高強度、耐摩耗性の高いソフトシャックルの利用が進んでいます。

**図6.10** スピードライン上を走るプーリーの選択が、システムの働きに大きく影響します。プーリーはロープが詰まることのないように、側板が十分な幅を持つものが最適です。重りの役目を果たす"トラベラーアッセンブリー(ブロックについているリング)"を加えると、プーリーがひっくり返るのを防止します。

ておき、まずコントロールライン（ロードライン）で荷重を受けた後、グランドワーカーがウインチや倍力システムを用いてスピードラインを張ります。そしてコントロールラインをだんだんと緩めて荷を下ろしていきます。
- このシステムの応用としてスピードラインをリディレクトすることにより、ラインの設置位置に更なる選択肢が増えて作業の幅が広がります。リディレクトする場合の器材は、荷重と反発力に十分耐えうるものを選択しましょう。
- クライマー、グランドワーカーを含むすべての作業者は、常にリギングシステムの外に位置取ります。システムには常に何らかの不具合が起こりうることを想定しておきましょう。

## フローティングアンカー　Floating Anchor

　スピードラインを使用するときには、その時々に合わせてロープの張りを調整しなくてはなりませんが、そのためにはまずグランドワーカーの安全確保、かつ器材の適切な選択が必須となります。しかし、作業性、安全性の両方を満たせるような都合の良い場所にアンカーをとれる立木がある状況はなかなかありません。ただ、もし離れた場所に２本の立木（もしくは他のアンカーポイント）があれば、その間にフローティングアンカーを設けることができます。フローティングアンカーとは中空に浮いているアンカーのことで、この技術を利用すると作業者がリギングシステムから離れることができるので、作業安全性が確保できます。次に手順を紹介します。

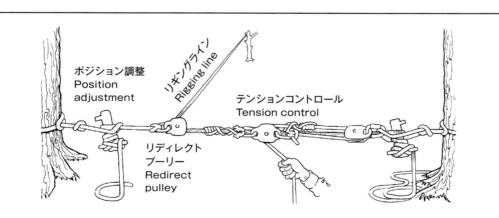

**図6.11**　フローティングアンカーの模式図。フローティングアンカーは、必要とされる場所にアンカーの設置可能な立木などがない場合に設けるもので、思い通りの方向にラインを確保することができます。中央の（リディレクト）プーリーは、両端の緩みを調整することで位置を動かすことができます。リディレクトプーリーには、アーボリストブロック、もしくは耐久性のある接続具を伴った頑丈なレスキュープーリーを使用しましょう。

- 一方の立木の根元にフリクションデバイスをセットします。そして長いスリングのランニングエンドをフリクションデバイスに通して固定します。プーリーかブロックに、このスリングのワーキングエンドをつなぎます。
- 他の立木もしくはアンカーに、２つ目のフリクションデバイスを設置します。スピードラインはこの器材に連結され、プーリーを通って高い位置にあるアンカーに向かいます。

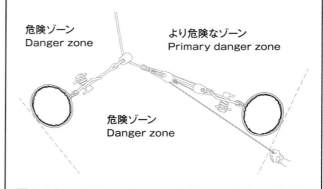

**図6.12** 作業者は、常にリギングシステムの外側に位置するようにしましょう。この図の場合では、ラインを張るなどの作業を行う際、作業者は２本のアンカー（立木）の後ろ側に位置します。

- この仕組みでは、スピードラインもしくはスリングを引くことによって、ラインを張ることができます。張りはフリクションデバイスに通して固定されているスピードライン自体で保たれます。また、プーリーとアンカーの位置は、どちらかの側の緩みを取ることによって調整できます。
- システムの設定に当たっては、作業内容や安全性を考慮して多くの選択肢から選定します。ラインにテンションが掛かっているときは、常に作業者はラインが切れた場合のことを想定しておきましょう。フローティングアンカーの場合、どこかが破損すると、中央のプーリーから（切除する枝側の）高方アンカーにまで、リギングシステム全体に影響を及ぼし、身の危険が生じます。万が一ですが、こういったことが起こった場合でも作業者の安全が確保されるよう２つのアンカーの立木の後ろ側（リギングシステム外）に立つようにします。この位置からですと、安全にリギングラインの張りを制御できます。

# ノットレスリギングシステム
## Knotless Rigging System

ノットレスリギングシステムは、ノットによる結び付けを用いることなく枝を吊り下ろす、いくぶん簡素な方法です。スリングをガースヒッチ（技術的には、ガースヒッチはノットですが）で枝に結び、片方を接続器具でローワリングラインに連結します。この方式は、枝が比較的小さく、互いに近い、針葉樹に用いると便利です。この方式にはいくつかのメリットとデメリットがあります。

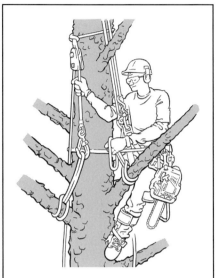

**図6.13** ノットレスリギングシステム。スリングをガースヒッチ（技術的には、ガースヒッチはノットですが）で枝に結び付けて、片方を耐久性のある接続器具（この場合は、ロッキングラダースナップ）の付いたローワリングラインに連結します。

## メリット

- 枝下ろしが容易かつ速くできる。
- 枝からスリングを外すのが楽なので、地上作業者が迅速に枝を撤去できる。
- 数本の枝を一度に除去できる。
- 他の技術と組み合わせることができる。

## デメリット

- 軽量で、単純なリギング作業に限られる。（器材の使用限界による）
- 複数の枝を吊り下ろす場合、枝を切る順番や、総重量などをよく考える必要がある。

## まとめ

例で示した複合的なリギング技術は、アーボリストがいったん理屈(科学)を理解することができれば、技術の組み合わせ次第で、作業が芸術の域にまで達すことも可能ということを表しています。リギングの技術は、特定状況に合う作業計画と組み合わせることが可能です。木を安全かつ効率的に、切り下ろすには、技術と訓練が必要です。しかしながら、狭い現場で大きな枝を除去するには、創意工夫が求められます。名人の剪定や伐採作業を見学するのは、芸術家の仕事を見るようでもあります。

図6.14　ノットレスシステムは、枝が比較的小さく、互いに近い、針葉樹に用いると便利です。この方式は、スピードラインなど他の技術と組み合わせることができますが、軽量で、単純なリギング作業に限られます(器材の使用限界による)。

# 第6章 複合的なリギングテクニック 確認テスト

解答を、それぞれ1つずつ選択して下さい。解答は巻末(174頁)にあります。

1. 2番目のリギングポイントに2本目のリギングラインをセットし使用する技術は、_____ である。
   a. リディレクトリギング
   b. バットヒッチング
   c. フィッシングポールテクニック
   d. ロードトランスファーライン

2. ロードトランスファーラインの応用で、切除した枝が2番目のリギングポイントに向かって移動するものは _____ と呼ぶ。
   a. スタティックライン
   b. ドリフトライン
   c. フローティングライン
   d. クロスライン

3. スタティックリムーバブルフォルスクロッチ（地面からガースヒッチでロープを枝に結びブロックを取り付ける手法）を使用するメリットは、_____ である。
   a. リギングラインの力の2倍の反力しか発生しないこと
   b. フォルスクロッチを設置するために必要なロープが1本で済むこと
   c. スプライスされたアイスリングでブロックが取り付けられること
   d. 上記すべて

4. スタティックリムーバブルフォルスクロッチのデメリットは、_____ である。
   a. アーボリストブロックが使用できないこと
   b. 多くのロープを必要とすること
   c. 地面から取り外すことができないこと
   d. 上記すべて

5. スピードラインは落下させた材を受けとめる使い方をするべきではない。その理由は、＿＿＿＿＿ である。
   a. リギングギアに衝撃荷重を与える可能性があるから
   b. アンカーに掛かる力が、元の荷重の何倍にもなるから
   c. 高いアンカーポイントでの反力は、大きな曲げモーメントを生むから
   d. 上記すべて

6. スピードラインのメリットは、＿＿＿＿＿ である。
   a. 枝や幹を離れた場所に下ろすときに、荷をぶら下げた状態で移動させることができること
   b. セットアップに最小限の器材と知識があればよいこと
   c. スピードラインが緩やかな角度に張られるので、アンカーポイントに動荷重が発生しないこと
   d. メカニカルアドバンテージ（倍力）を利用して大きな枝を持ち上げるときに、簡素なロープとプーリーを用いればよいこと

7. スピードラインへの過負荷を避けるには ＿＿＿＿＿ 。
   a. 落とした材の荷重をスピードラインが受けるまでラインを緩めておく
   b. 落とした材を確保するまで、材をスピードラインに連結しない
   c. 材の落下時に発生する力の大部分を吸収するためのロードラインを追加する
   d. 上記すべて

8. スピードラインと組み合わせて使用されることが多いコントロールラインは ＿＿＿＿＿ 。
   a. スピードライン上の材の降下速度をコントロールする
   b. スピードライン上のレスキュープーリー（トラベラーシステム）を回収する
   c. 切除する部分が持つ力を吸収する
   d. 上記すべて

9. フローティングアンカーを使用してスピードラインに張力を与えるメリットは、＿＿＿＿ である。
　　a．ロープの角度によってアンカーの力が減少すること
　　b．作業者がリギング作業上安全な場所に立つことができること
　　c．スピードラインの摩擦が低減すること
　　d．リギングロープの曲げ率が増加すること

10. ノットレスリギングシステムの隠れたメリットは、＿＿＿＿ である。
　　a．ラインに掛かる力が減少すること
　　b．フリクションデバイスが不要なこと
　　c．枝を縛るのが簡単で効率的なこと
　　d．コネクティングリンクが必要ないこと

# 第7章

# リギング作業における力の理解

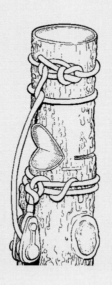

# 目 的

この章では、次のことを学びます。
- リギングポイントが切断する位置より下方にある場合に掛かる動荷重（衝撃荷重）の大きさについて。
- リギングシステムに掛かる力の大きさを左右する可変項目について。
- リギングポイントに掛かる動荷重（衝撃荷重）の軽減方法について。

## キーワード

| | |
|---|---|
| アーボリストブロック　Arborist block | ナチュラルクロッチリギング　Natural-crotch rigging |
| アンカー　Anchor | バーバーチェア　Barber chair |
| 位置エネルギー　Potential energy | 破断強度　Breaking strength |
| 受け口　Notch | バットヒッチング　Butt-hitching |
| 運動エネルギー　Kinetic energy | フォール　Fall |
| 追い口　Back cut | ブッシュ　Bushing |
| カフカット（斧目）　Kerf cuts | ブロッキング　Blocking |
| シーブ　Sheave | ボアカット（突っ込み切り）　Bore cut |
| スターティングコーナー（チェーンソーバー先下部分）　Starting corner | リード　Lead |
| 弾性エネルギー　Elastic energy | 力量計　Dynamometer |
| ツル　Hinge | レスキュープーリー　Rescue pulley |
| 動荷重（衝撃荷重）　Dynamic load | ワーキングロード　Working load |

# はじめに

　リギングポイントが切除する部分よりも下にあるリギング作業では、非常に大きな動荷重が掛かります。したがって、ブロックを使用する作業を行う前に、これらの力の特性や大きさを理解しておくことが極めて重要です。適切な方法を選択し実行することで、動荷重を著しく軽減することができます。また作業に関連する科学（物理）を理解することは、採用する作業方法の安全性を評価するのに役立ちます。

# リギングポイントが切除対象物より下にある場合

通常、リギングポイントは切除する部分より上にある事が望ましいのですが、それがいつも可能だとは限りません。リギングポイントが切除する部分より下にある場合でも、材を安全に降下させる方法があります。

## 基礎的なブロッキングテクニック（滑車を使う方法）
### Basic Blocking Techniques

木を上部から徐々に切り落としていく作業をブロッキングもしくはバットヒッチングと（また、断幹とも）いいます。このブロッキング、もしくはバットヒッチングは、リギングポイントが切って吊り下ろす部分より下にある場合に使う技術です。この方法は大きな動荷重が掛かるので、摩擦力をうまく利用することが重要となってきます。

### ナチュラルクロッチ、バットヒッチング
#### Natural-Crotch Butt-Hitching

自然の木のまたをリギングポイントとして使用すると、そこには相当な摩擦が掛かります。リギングポイントに摩擦があると、木のまたとリギングラインのワーキングエンド間（リード側）に掛かる力が、木のまたと反対側（フォール側）のラインに掛かる力よりも大きくなります。リギングラインには荷が落ちようとする力を大きなバネのように繊維が伸びることで吸収する機能があります。繊維の荷重吸収量は繊維量が増えるほど大きくなります。ロープが長いほど効果的に機能するということです。しかし、ナチュラルクロッチを利用してリギングポイントに摩擦が掛かることは、より短いロープを使用した場合と同じような条件となります。つまり、少ない繊維量でより大きな力量を吸収することになる、ということです。

### アーボリストブロックの使用　Using Arborist Block

低摩擦のブロックとローワリングデバイスを使用することで、ワーキングエンドからブロックを通り、ローワリングデバイスまでのロープ全体で荷重を吸収することができます。

- アーボリストブロックは、リギングポイントとして機能し、切断部分のすぐ下の幹にセットします。落ちていく材の動荷重を軽減するには、幹とすき間がないように、しっかり固定・設置することが重要です。
- ラチェット式ボラードは、木の根元に固定します。この器材に使用するリギングラインはダブルブレードロープが適しており、切り落とす材が持つ位置エネルギーを、グランドワーカーが材を滑らかに下ろすことで、軽減することができます。

# 受け口、ツル、追い口
## Notches, Hinges, and Back Cut

## 受け口を作る　The Notch

### 受け口の大きさ（開口部）　Angle

ツルが引きちぎれるまで伐倒方向をコントロールするためには、トップカットや断幹の場合は、受け口の開口部を広くして70度くらいが望ましいとされています（オープンフェイスノッチ）。

図7.1　低摩擦のブロックとローワリングデバイスを使用することで、ワーキングエンドからブロックを通りローワリングデバイスまでのロープ全体で、落下する材が生み出す力（荷重）を吸収することができます。リギングラインに掛かる動荷重を軽減するため、ブロックを幹とすき間がないようしっかり固定・設置することが重要です。

### 受け口の深さ（およびツルの長さ）　Depth

受け口の深さを決める方法は2つあります。
- ①伝統的な方法：受け口の深さは直径の3分の1程度とします。
- ②直径の比率を使う方法：ツルの長さは直径の80〜100%とします。多くの木の断面は円でないため、このパーセンテージは変化します。ツルの長さは、受け口の深さで決定します。
- 受け口の深さは直径の50%を超えないようにします。

### 受け口の斜め切りを先に切る

- 受け口はまず斜め切りを入れます。
- 可能であれば、割れ目や、腐食がある場所に受け口やツルを作るのを避ける。

- 受け口は斜め切りから始め、水平の切りの具合を見ながら切り過ぎないようにする。

### バイパス（過度な切り込み）　Bypass

　受け口を作るときに、受け口先端部分（斜め切りと水平切りの会合線）を過度に切りすぎてしまうことは起こしやすい問題の１つです。過度に切り込むと、ツルの重要な繊維を切ってしまうので、避けなければいけません。バイパス（過度な切り込み）は、ツルの働きを弱めたり、ツルとして機能しなくなります。

### カフカット（斧目）　Kerf Cut

　木繊維が強いと断幹したときにツルの両側がちぎれず裂けてしまう場合があります。これを防ぐために、受け口の両側４〜５cm下に小さな切り目を入れます。

## ツル　The Hinge

- ツルは木を倒したい方向へ"導く"手助けをします。ツルの厚みが適正であれば、木の繊維は、木が倒れて受け口が閉じたときにちぎれます。
- 原則として、ツルの厚さは、伐倒木直径の５〜10％くらいです。この基準は状況に応じて融通を利かせましょう。例えば、短く切るときはてこの力が弱いため10％のツルだと作業者が押して折るには無理があります。この場合、５％（もしくはそれ以下）が適当です。
- 追い口切りで、ツルを切りすぎないようにしましょう。

## 追い口切り　The Back Cut

**伝統的な、真っすぐ切り込む追い口切り**

- 切除部位の後ろ側から、受け口に向かって切り込みます。
- 追い口切りが受け口側に進むことによって、ツルが作られます。
- 特に、作業者が木の上側を見て木の動きを見ていたりすると、追い口切りでツル部分を切ってしまいがちですので十分注意しましょう。
- ツルが切れたときに、木が反動で作業者側に跳ねる可能性を減らすために、受け口の会合線の高さよりも少し上に追い口を入れることが推奨されています。これは、伝統的な受け口（45度）を使う場合に重要です。

### ボアカット（突っ込み切り）　Bore Cut

ボアカット（突っ込み切り）は木もしくは切断する部位が前方に傾いているときに便利です。この技術を使うと、非常に危険である"バーバーチェア"（追い口から縦に裂けあがる）現象を防ぐことができます。

- 受け口の頂点（会合点）から数cm後ろ、会合線と平行に突っ込み切りを行います。
- チェーンソーのスターティングコーナー（先端下部分）から切り始めます。
- ツルを作る位置から十分離したところからガイドバーを押し込みます。バーが反対側に出てきたら、今度は受け口側に切り進め慎重にツルを作ります。
- 適切な厚みにツルを仕上げます。
- ツルの後方を全部切ってしまうことのないように（気をつけながら）、後方にガイドバーを進めていきます。木が立った状態を保てるよう少しの留め部分（追いヅル）を残します。この手法の利点は、作業者が必要に応じて、何かの間違いを犯す前に作業を中断できることです。
- もし、木が傾いていたり、腐朽がかなり進行していた場合は、最後の追い口切り（追いヅル切り）を安全な位置で行うようにしてください。
- 最後の留め部分を切る。（小さければ手鋸で切れます）

**注**：突っ込み切りは、技術と経験が要求されます。よく訓練された、経験ある作業者が、よく目立てされたチェーンソーを使用してのみ実行しましょう。

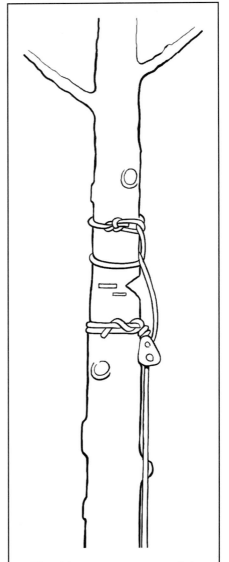

**図7.2**　突っ込み切りは、木もしくは（切断）部位が前方に傾いているときに役立ちます。この手法を使うと、非常に危険である"バーバーチェア"（追い口から縦に裂けあがる）現象が起こることを防ぐことができます。突っ込み切りは、技術と経験が要求されます。熟練作業者が、よく目立てされたチェーンソーを使用してのみ実行しましょう。

## 高所作業車を使う場合の作業位置
### （ワークポジショニング）

　クライミングをして作業しようと、高所作業車で作業しようと、作業位置（ワークポジショニング）は、作業計画を立てる段階から考慮しなければならない重要な要素です。バケット（作業籠）を使用した場合、その高所作業車の位置は、リギングの荷下ろし地点に重ならず、作業手順を妨げない場所に位置することが重要です。適正な位置に高所作業車を設置することは、アーボリストにとって安全で効率的な作業につながります。ブームの位置も考慮しなくてはなりません。

## ブロックと動荷重
### Blocks and Dynamic Loading

　リギングロープは落下する荷が持っているエネルギーを吸収するバネのような機能を果たします。低摩擦のリギングブロックを使用すると、ロープ全体が均一に伸長しナチュラルクロッチや摩擦が大きいブロックを使用したリギングと比較すると、動荷重が軽減されます。なお、ロープが長ければ長いほどエネルギーを吸収する量も増えます。

### リギングブロックの選択

- ベンドレシオが有利になり、かつ摩擦力を軽減するため、大径のシーブを持つブロックを選択します。
- 汚れやすい環境での使用や動荷重が掛かる場合には、ベアリングタイプよりブッシュタイプの方が適しています。
- 適正な使用荷重を決めるために、破壊強度を把握しておきましょう。

## リギングで掛かる力 (荷重)
### Rigging Force

　作業場所の上方にリギングポイントがない状態で大きな幹を除去（断幹）する場合、大きな動荷重が発生します。どれほど大きな力になるかを知ることは、ロープの選択やロープ廃棄のタイミングを見極めるために重要です。

ブロックを使用して作業する場合の分かりやすい見本は図7.3のように、真っすぐ垂直な幹で、上部には受け口があり、切断部の上方にリギングラインが結んであるときです。リギングラインは切断部分のすぐ下にあるリギングブロックを介して、木の根元に設置してあるフリクションデバイスにつながっている状態です。この状態で最悪なケースは荷の重量に対してロープの巻き数が多くて摩擦が効き過ぎて荷がロックしてしまうこと、つまり、ラインがフリクションデバイスにロックされ荷が流れない事態です。こうなってしまうと荷重を軽減することはできません。このような作業状況では、明らかに荷重を減らせる方法はありません。一方で、実際の現場では"切除部位を障害物の上に落とさないように止める"状況はよくあることです。ここで紹介しているケースは、衝撃荷重がどのくらい掛かるのか分析するには格好の見本です。

　次の5つの可変(要素)により力の量が低減されます。

- 使用するロープの種類。
- ロープの伸長量。
- 切断する材の重さ。
- 落下距離。
- リギングポイントでのロープ角度。

## エネルギー保存の概念

　エネルギー保存の法則では、「エネルギーは変換しても総量は変化しない。運動エネルギーと位置エネルギーの和は一定」と、定義されています。ロープや木によって発生する力(荷重)を吸収したり、摩擦力(熱)によって発散される多量の位置エネルギーを取り扱うアーボリストにとって、(アーボリスト)リギングにおけるこの法則は重要です。

- 材の位置エネルギーは材が切断されて、まだ切り株の上に静止しているときから存在しています。
- 材が落下するとき、重力により加速

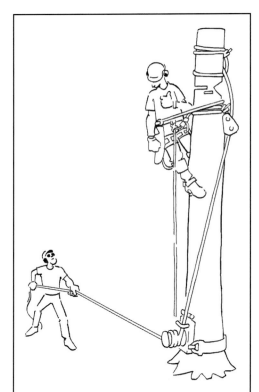

**図7.3**　エネルギー保存の法則では、「エネルギーは、変換しても総量は変化しない。運動エネルギーと位置エネルギーの和は一定」と、定義されています。ロープや木によって発生する力(荷重)を吸収したり(運動エネルギー)、摩擦力(熱)によって発散される多量の位置エネルギーを取り扱うアーボリストにとってリギングにおけるこの法則は重要です。

**図7.4** 材が落下するとき、重力により加速することで、位置エネルギーは、運動エネルギーに変化します。

することで、位置エネルギーは、運動エネルギーに変化します。
- その後、材に結ばれているロープは伸び始めます、そして運動エネルギーは、ロープ内で弾性エネルギーに変化します。材が最初に持っているエネルギーが大きいほど（より高い位置にあるほど）、ロープは伸びます。

この種のリギングで位置エネルギー（荷重）を軽減する手段の1つとして、システム上に掛かるエネルギーを軽減することがあります。
- 常に現実的とは限りませんが、簡単な方法は、切除する部位を小さくすることです。
- 先に挙げた5つの可変要素のうち、常に調整が可能な要素は、材を落とす距離です。もし落下距離が短くなれば、運動エネルギーが減り、力（荷重）は軽減されます。
- ラチェット式ローワリングデバイスは、ラインのたるみを取り、落下距離を減らし、さらに運動エネルギーを軽減します。しかし、ラインを張りすぎた場合（伸長量が減るので）、エネルギー吸収能力を制限することにつながります。
- エネルギーの総量は概念上では不変ですが、実際の作業では材が吊り下ろされる間にいくらかのエネルギーはフリクションデバイスで熱として発散され、エネ

**図7.5** ロープが伸び始めると、運動エネルギーは、ロープ内で弾性エネルギーに変化します。

ギー量は減少します。
- フリクションデバイスを他の木に設置すると、より多くのロープが作業システム内に存在することになり、リギングブロックの角度も大きくなるので、システムに掛かる荷重の軽減に効果があります。しかし、注意が必要です。除去対象木に曲げモーメント（回転力）が掛かり、力の掛かる向きは木の根元に対して垂直ではなくなります。木によってはそれらの力に耐えられなくなるかもしれません。切除する木の元にリディレクト（方向を変える支点）を設けるのも解決法の1つです。また、使用するフリクションデバイスの型についても考慮しましょう。器具の真上からリギングロープが入る、大型フリクションデバイスもあります。この場合、第2の木に設置したフリクションデバイスの上にリディレクトを設けてロードラインを正しく導くと良いでしょう。

**図7.6** グランドワーカーがフリクションデバイスを使ってラインを走らせ、材を降下させるとき、その摩擦力は熱に変換されます。

# ダイナモメーター（力量計）による落下試験
## Dynamometer Drop Tests

　ダイナモメーターは力学的な力量を測る計器です。アーボリストと研究者が、リギングシステムにおける力量を研究するために使います。ダイナモメーターは、リギング作業において発生する力と、それらの力を軽減する方法をアーボリストに示すのにも良い教材です。

　（**訳注**：ダイナモメーターによる落下試験については、ISAが動画を公開していますので、こちらをご覧ください。

　検索：「Dynamometer Drop Tests part 1」「Dynamometer Drop Tests part 2」）
- 1台のダイナモメーターをリギングポイント（アーボリストブロック）に設置し、もう1台をアンカーポイント（ポータラップ）に設置します。
- それぞれの計器に掛かった力量の最大値を記録するように設定します。

## 例1：" 制動を掛けながら下ろす"

材の落下を減速させながら止める（動荷重）。
- 材のおおよその重さ：650ポンド（295.1kg）。1ポンド＝454ｇ
- アンカーポイントに掛かる荷重：2,189ポンド（993.8kg）
- リギングポイントに掛かる荷重：4,554ポンド（2,067.5kg）

## 例2：" 急停止"

材を急に止める（衝撃荷重）。
- 材のおおよその重さ：631ポンド（286.5kg）。1ポンド＝454ｇ
- アンカーポイントに掛かる荷重：3,517ポンド（1596.7kg）
- リギングポイントに掛かる荷重：7,326ポンド（3,326kg）

アーボリストブロックには2方向からラインが掛かっているので、リギングポイントにはロープに掛かる力（アンカーポイント）の約2倍の力が掛かることになります。さらに、ブロック自体の摩擦により、掛かる力は2倍よりも少し多くなります。材を落として流すときに、材を次第に減速させることで、システムに掛かる力を顕著に軽減させることができることを覚えておきましょう。

注：172頁に掲載する樹種ごとの単位重量表は、材の重量を計算するのに使用できます。

# ブロッキング（断幹）を行ったときに掛かる力の軽減

ブロッキング（断幹）をする状況では、さまざまな要素の中にコントロールできるものとできないものがあります。コントロールできる要素には主に次の5つの可変要素があり、それらを調整することで、作業システムに掛かる力を軽減できます。
- より小さく切る。
- より伸びるロープを使う。
- システムの中により多くのロープを使う。
- 落とす距離を減らす。
- 材を（できる限り）走らせる距離を長くする。

# まとめ

　この章で示した数々の例は、実際のリギングでの科学的知識がいかに作業システムに影響を与えるかを表しています。また、作業システム内の小さな変更がシステム全体に掛かる力にどう影響するかを知ることは、力の量を予測することより重要であるということも併せて示しています。経験あるアーボリストは、関連する科学的知識を理解することで、より安全、効率的なリギングシステムを、それぞれの作業状況において組み立てることが可能になります。

# 第7章 リギング作業における力の理解 確認テスト

解答を、それぞれ1つずつ選択して下さい。解答は巻末(174頁)にあります。

1. リギングポイントでの摩擦が望ましくない理由は、_____ である。
    a. ラインのリードに、より多くの力が吸収されるから
    b. ラインのフォールに、より多くの力が吸収されるから
    c. アンカーポイントに、より多くの力が生じるから
    d. 上記すべて

2. リギングブロックを選択する上で重要な要素は、_____ である。
    a. 重さを減らすための小さなシーブ
    b. 動荷重を低減するための低摩擦
    c. 製造業者によって規定された低い安全率
    d. 摩擦を減らすための細い直径のシーブ

3. リギングシステムに掛かる力を、できるだけ小さくするには _____ 。
    a. より伸縮性のあるロープを使用する
    b. 落下距離を少なくする
    c. 材を徐々に停止させる
    d. 上記すべて

4. 低摩擦のリギングブロックは、リギングシステムのエネルギーを _____ 。
    a. より多くロープに吸収させる
    b. 位置エネルギーに変換する
    c. ロープから材に移させる
    d. 上記すべて

5. リギングシステムに多くのロープを加えると、一般的に _____ 。
    a. (荷重を受けとめるロープの)角度が大きくなる
    b. 落下距離が短くなる
    c. システムに掛かる力が減る
    d. システムに摩擦が加わる

6. 木材をリギングするとき、「できるだけ流す」ことで _____ 。
    a. リギングポイントに掛かる力を軽減する
    b. リギングラインに掛かる力を減少させる
    c. アンカーポイントでより多くのエネルギーを熱として放出する
    d. 上記すべて

7. オープンフェイスノッチを使用するメリットは、_____ である。
    a. 受け口が閉じてツルがちぎれるまで、ツルが機能する時間が長いこと
    b. バックカット（追い口切り）の高さを受け口の会合線に合わせる必要がないこと
    c. 裂けを防止するカフカット（斧目）を入れる必要がないこと
    d. 受け口の偶発的な切りすぎを防止できること

8. ブロッキング（断幹）で材を落としたとき、フリクションデバイスに掛かる力が 1,000N であれば、ブロックに掛かる力はおおよそ _____ である。
    a. 500 N
    b. 1,000 N
    c. 1,500 N
    d. 2,000 N

9. 木の先端部を切除するときに、ボアカット（突っ込み切り）を行うメリットは _____ である。
    a. ツルが最初に作られるので、切りすぎて材を不用意に落下させる可能性を排除できること
    b. 追いヅルを切るまで、木が倒れていかないこと
    c. バーバーチェアの可能性が低くなること
    d. 上記すべて

10. よく伸びるリギングラインを使うと、＿＿＿＿。
    a. リギングポイントに掛かる力が増加する
    b. アンカーポイントに掛かる力が増加する
    c. システム内に掛かる力が減る
    d. スリングに掛かる反力を増加させる

# 第 8 章

# トップカットと重量のある材のリギング

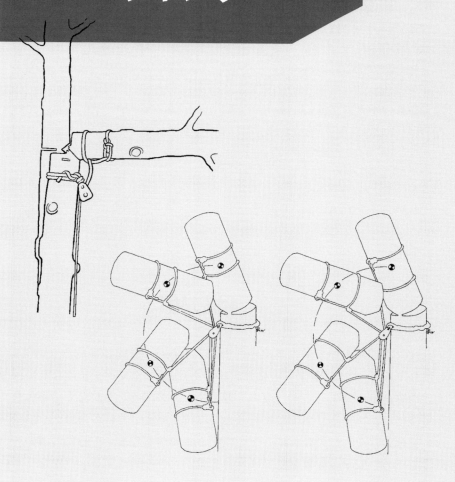

# 目 的

この章では、次のことを学びます。
- スパー（クライミング用スパイク）を装着したブロッキング（断幹作業）について。
- 断幹作業時における位置エネルギーについて。
- スピードラインとブロックを組み合わせた使い方ついて。
- 重量のある材の切断位置がリギングポイントよりも上にある場合に、動荷重を最小限にする方法の考え方について。

## キーワード

| | |
|---|---|
| アーボリストブロック　Arborist block | フォール　Fall |
| アンカー　Anchor | プルライン　Pull line |
| 位置エネルギー　Potential energy | ブロッキング　Blocking |
| 運動エネルギー　Kinetic energy | ボアカット（突っ込み切り）　Bore cut |
| 追い口　Back cut | ボラード　Bollard |
| 弾性エネルギー　Elastic energy | マーリンヒッチ　Marline hitch |
| ツル　Hinge | モーメント　Moment |
| 動荷重　Dynamic load | ランニングボーライン（罠もやい結び）　Running bowline |
| 何回もマーリンヒッチを結ぶこと　Marling | ランヤード　Lanyard |
| バーバーチェア　Barber chair | リード　Lead |
| ハーフヒッチ　Half hitch | レスキュープーリー　Rescue pulley |
| 破断強度　Breaking strength | ロードライン　Load line |
| バットヒッチング　Butt-hitching | ワーキングロード（使用荷重）　Working load |

# はじめに

　リギング技術の中で最も多くの応用が求められる作業は、大きな幹部分の切除（断幹と吊り下ろし）です。特に下方に障害物があり、その上で材を止めなくてはならない場合、大きな動荷重が発生します。枝の上方にリギングポイントがなくても大きな材を切除できる技術は、アーボリストに絶対に必要な技術です。器材の限界（MBSやWLL）をきちんと把握し、それに見合う技術を駆使する必要があります。特に失敗が許されない作業条件下でも、安全は最重要項目になります。大きな動荷重を扱う場合、木の損傷状態や

十分な強度が確保できるかどうかをリギング作業の前に必ず評価しておきましょう。

# リギングポイントが切除対象物より下にある場合

　通常、リギングポイントが切除対象物より上にあるのが望ましいのですが、それがいつも可能だとは限りません。上級リギング技術の中には、リギングポイントが切除する部分より下にある場合でも、材を安全に降下させる方法があります。

## 木の先端 (梢) や幹を除去する場合のワークポジショニング (作業時の位置と姿勢)

　クライミングでも高所作業車の作業でも、ワークポジショニングは作業計画を立てる上で、重要な要素です。

### 断幹 (ブロッキング／バットヒッチング) を行う際のクライマーのワークポジショニング

　断幹作業 (重い材をブロックを使って吊り下ろす作業) は、高い技術と経験が要求されます。リギングポイントが切断部分より下にある場合、切断する際に、樹木を激しく揺らすほどの強い力が発生します。それに加え、作業者は切り落とす位置のすぐ側で作業しなくてはなりません。したがって、バットヒッチング (ブロッキング、断幹) では、適正なワークポジショニングは極めて重要です。他の樹木や足場などに自身を確保できればいいのですが、実際にはそのような機会はめったにありません。

　クライミングライン、ランヤード、リギングブロックおよび切断位置の位置関係は、よく議論の中心に挙がります。ブロックを切断部分の直下に付けることは、落下距離を最小にするためには望ましいことです。ただし、クライミングラインやランヤードが荷重の掛かるブロックに挟まれたり、リギングラインと接触しないようにしましょう。つまりクライミングラインとランヤードはブロックを固定しているスリングよりも上にセットするということです。このときの注意点は、断幹した材を落としたときにクライミングラインやランヤードが幹から外れない位置に掛けることです。

- ランヤードとクライミングラインは、ブロックを設置して受け口を作り、リギングラインをセットする際に、作業しやすい位置に掛けます。

- 材を切断する前に、ランヤードとクライミングラインはスリングの上方に取り、かつリギングラインの内側に配置します。クライミングラインはランニングボーライン(罠もやい結び)を使って幹にセットして、クライマーが後方に体重を掛けたときにクライミングラインが木に締まるようにします。クライマーが移動するときにはランヤードを緩めますが、そのときクライミングラインが外れないように、幹にしっかり結束します。フリクションヒッチを操作してランニングボーラインのたるみを取ります(フリクションヒッチは、サドルの中央Dリングと連結するのが最良です)。この技術を使うことで、次に断幹する位置に降下したときの新たなワークポジショニングが容易になります。
- 何度も繰り返し断幹作業を行う場合、ランニングボーラインの端を長く伸ばしておけば、降下した後にその部分を使ってクライミングラインを回収できます。断幹する前に、クライミングラインが切除部分に結ばれていないかを、必ず確認しましょう。

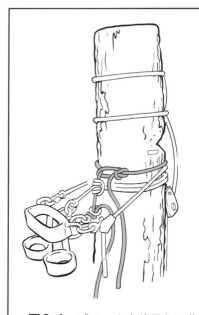

**図8.1** ブロックを使用して作業するときは、クライマーは、切り落とす位置のすぐ側で作業しなくてはなりません。クライミングライン、ランヤードは、ブロックやリギングラインに絡まないように調整してセットしましょう。クライミングラインとランヤードは、ブロックを固定しているスリングよりも上で、断幹したときに幹から外れない位置に掛けましょう。ランニングボーラインを使って、クライマーが後方に体重を掛けたときにクライミングラインが木に締まるようにしましょう。

**注**：クライマーはこの方法を使う場合、クライミングラインがしっかり締まって(幹に固定されて)いなければ降下してはいけません。降下時には、エイト環(もしくは他のディセンダー)をフリクションヒッチの下に装着し、使用することが推奨されています。

# 断幹作業における位置エネルギー

樹木の先端を切除する場合、多くの考慮すべき力があります。

- 受け口を作って追い口を入れたとき、ツルを支点として切除部分は前方に傾いていきます。このとき、先端切除部分は、幹を後方に押す、幹に対する曲げモーメントを生みます。この曲げモーメントは、先端切除部分の角度が45度に達したとき最大になります。
- そして先端が切り離されると、エネルギーの変換が起こります。力の大きさや残る幹への影響はさまざまです。受け口面が垂直の幹に対して45度のとき、同時に発生する反発力（曲げモーメントが最大で、ツルが切れて切断部分が離れた状態）をできるだけ防ぐことが大切です。
- ブロックとリギングラインを使用してバットヒッチで先端を断幹作業する際、（木を含めた）システムには、先端切除部分がラインを引く力と、切除部分が幹に当たる2つの強い力が掛かります。

てこの力を利用する目的で先端部分にプルラインを設置する場合は、グランドワーカーは、あまり強くなく、また、早く引きすぎないことが大切です。そうしないと、樹木が前方に引っぱられることで生じる力を増やすことになります。

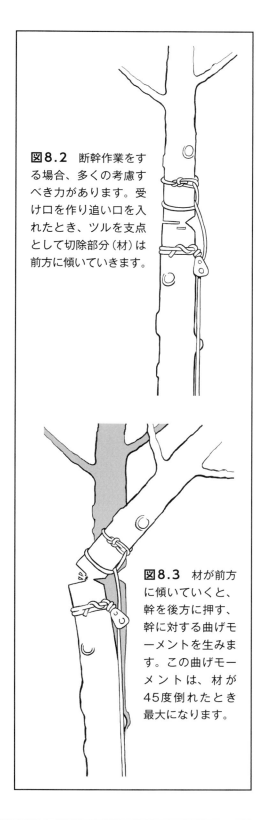

**図8.2** 断幹作業をする場合、多くの考慮すべき力があります。受け口を作り追い口を入れたとき、ツルを支点として切除部分（材）は前方に傾いていきます。

**図8.3** 材が前方に傾いていくと、幹を後方に押す、幹に対する曲げモーメントを生みます。この曲げモーメントは、材が45度倒れたとき最大になります。

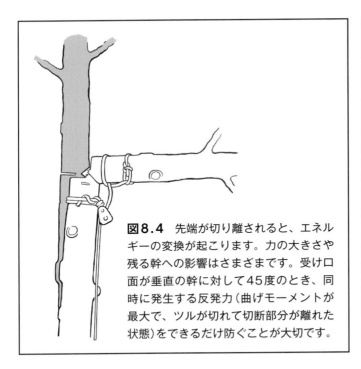

図8.4 先端が切り離されると、エネルギーの変換が起こります。力の大きさや残る幹への影響はさまざまです。受け口面が垂直の幹に対して45度のとき、同時に発生する反発力(曲げモーメントが最大で、ツルが切れて切断部分が離れた状態)をできるだけ防ぐことが大切です。

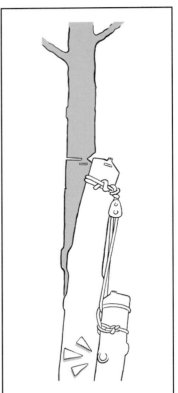

図8.5 ブロックとリギングロープを使用してバットヒッチで断幹する際、(木を含めた)システムには、リギングラインに掛かる力と、切除部分が幹に当たる2つの強い力が掛かります。

## ボアカット(突っ込み切り)の復習

ボアカット(突っ込み切り)は、切断する木や部位が前方に傾いているときに役立ちます。この技術を使うと、非常に危険である"バーバーチェア"(追い口から縦に裂けあがる現象)が起きにくくなります。

- 受け口頂点(会合線)の数cm後ろから、会合線と平行に突っ込み切りを行います。
- キックバックを防ぐために最初にガイドバーのスターティングコーナー(先端下部分)を使って切り始めます。
- 目標のツルの位置から十分離した場所から切り始める。チェーンソーの刃を突っ込んだ後は、ツルに向かって切り進めツルが適正な厚さになるように微調整して完成させます。
- 次に、チェーンソーの刃を後方に進めていき、少しの留め部分(追いヅル)を残します。この手法の利点は、作業者がどうにもならない状況に陥る前に作業を止めて再確認しやすいことです。
- もし、木が傾いていたり、腐朽がかなり進行している場合は、最後に追いヅルを

切り離すとき、"(木の状態が)良い側"で行うようにしてください。
- 最後に留め部分(追いヅル)を切ります。(小さければ、手鋸で切れます)

注：突っ込み切りは、技術と経験が要求されます。経験豊富な熟練作業者が、よく目立てされたチェーンソーを使用してのみ実行しましょう。

# バットヒッチング (ブロッキング)
## Butt-Hitching or Blocking

　バットヒッチング(ブロッキング)は、リギングポイントが作業位置より下方にある場合の材を下ろす技術であり、動的な力が発生するため、摩擦力のコントロールが重要となってきます。

## 古くからの手順

　歴史的に、アーボリストはバットヒッチングを使うために、幹に溝を切ってロープが外れないようにしたり、切り残し部分をリギングポイントとして使用したり、幹にロープを巻き付けて材を下ろしたりと、多くの方法を採り入れて試行錯誤を繰り返してきました。その結果、作業が容易になり効率も上がりましたが、同時に難しい問題にも直面しました。それは、落ちていく材から発生するエネルギーの吸収の仕方です。

　リギングポイントに掛かる相当量の摩擦力は、ロープが伸びることによるエネルギーの吸収量を制限します。この摩擦力は、リギングポイントから材までの間(リード側)に、リギングポイントから地面との間(フォール側)より大きな力が掛かります。

　ナチュラルクロッチリギングを使用する場合、リギングラインを何処にそしてどのように掛けるかが重要になってきます。しばしば"ハーフヒッチ"を切断部分の下に作りますが、ハーフヒッチを結ぶ方向が重要となってきます。リギングのセットが完了したら、次のことを確認してください。

- 材を下ろすときに、ラインのフォール側が、リード側や材の重さで詰まったり、挟まったりするようなセッティングになっていないこと。
- リギングラインは(図8.6、8.7のように)、幹に沿って上がり木のまたを通り、ハーフヒッチを結び(図左)、切り離された後にぶら下がるように(図右)なっていなければなりません。

　ロープを滑らせて材を下ろす場合には、大きな摩擦が発生し木やロープに損傷を与えることがあることを念頭に置いておきましょう。

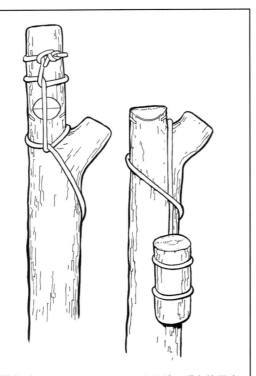

**図8.6** ナチュラルクロッチリギングを使用する場合、リギングラインをどこに、そしてどのように掛けるかが重要になってきます。しばしば"ハーフヒッチ"を切断部分の下に作りますが、ハーフヒッチを結ぶ方向が重要となってきます。

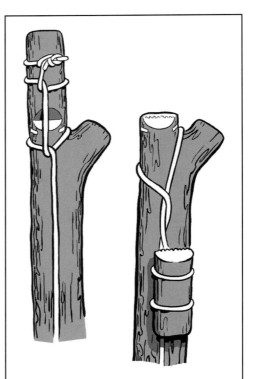

**図8.7** ナチュラルクロッチリギングは、フリクションデバイスと併用することができます。ロープ同士がどのように交差するか、材がどのように落ちるか、そしてどのようにぶら下がるかを常に考えましょう。

## アーボリストブロックとフリクションデバイスの使用
Using Arborist Block and Friction Device

　低摩擦のブロックを使用することで、ワーキングエンドからブロックを通り、フリクションデバイスまでのロープ全体で、落下する荷によって生じるエネルギーを吸収することができます。

- アーボリストブロックはリギングポイントとして機能する役目を果たし、切断部分のすぐ下の幹に設置します。材の落下による動荷重を軽減するには、幹に隙間なくブロックを取り付けることが重要です。
- 木の根元にフリクションデバイスを設置し、ラインがフリクションデバイスの機械加工された表面を通ることで、グランドワーカーは作業中に生じる動荷重を軽減させ、材を滑らかに下ろすことができます。

# マーリンヒッチとハーフヒッチ
## Marline Hitch vs. Half Hitch

クライマーは切断対象物を結ぶ主たるリギングノット（プライマリーノット）に加え、マーリンヒッチ、ハーフヒッチをよく使います。目的はプライマリーノットが材から外れる可能性を低くすることと、荷重を分散させるためです。

### ハーフヒッチ　Half Hitch

- 材が外れると、結びはなくなります。
- 材を地上に下ろした後、解くのが簡単です。

### マーリンヒッチ　Marline Hitch

- 材が外れると、オーバーハンドノットになります。
- 短い部位をリギングするときや、材が滑りやすい場合に良い結びです。
- マーリンヒッチを何回も結ぶ（マーリングと呼びます）と、枯木や腐朽した枝を緊密に保持するのに役立ちます。

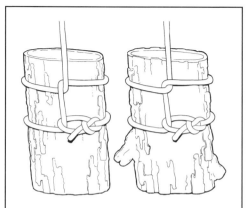

**図8.8** クライマーは切断対象物を結ぶ主たるリギングノット（プライマリーノット）に加え、ハーフヒッチ（左）、マーリンヒッチ（右）、をよく使います。目的はプライマリーノットが材から外れる可能性を低くすることと、荷重を分散させるためです。

# 材が落下する距離

樹冠が除去された後、幹を切除する場合、作業位置より下にリギングポイントを設けて、重量物を下ろすことになります。地上近くでの作業になるほど下ろす材は太くなり（幹の直径が大きくなり）、一方でこの作業は材が落下するときに、エネルギーを吸収するロープは短くなっていきます。もし下にある障害物を避けるために、材を保持したり、急に止めたりしなくてはならないときは、ロープに大きな負担が掛かります。

7章で説明した可変要素の中で調整しやすいものの1つが、材が落下する距離です。落下距離が短ければロープの伸長に変換される運動エネルギーが減り、ロープに掛かる

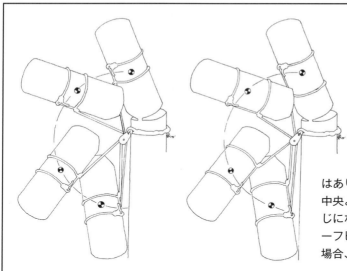

**図8.9** リギング作業時に掛かる力を軽減する1つの方法は、落下距離を減らすことですが、リギングラインを材に結ぶときに、その結び方で落下距離に影響が出るのかという質問をされることがあります。答えは、しっかり結束されて材が裏返らない限り影響はありません。ハーフヒッチが材の中央より下にあれば、落下距離は同じになります。マーリンヒッチかハーフヒッチが材の中央より下にある場合、材が裏返ることはありません。

力を減らすことができます。リギングブロックは、幹に隙間なく結び付け、安全に支障のないようクライミングラインとランヤードを設置できる余裕を残してできるだけ切断部に近づけます。

材との結び方で材が落下する距離に影響が出るのかという質問をされることがあります。これは、しっかり結束されて材が裏返らない限り影響はありません。ハーフヒッチが材の中央より下にあれば落下距離は同じになります。マーリンヒッチかハーフヒッチが材の中央より下にあれば、材が裏返ることはありません。

ここに安全に関する問題の核心があります。ハーフヒッチが材の中央より下にあれば、切断部分に近づける必要はありません。無理して近づけると、鋸でリギングラインに傷をつけたり、さらに悪い状況として、材の落下時にハーフヒッチが末端部から外れて材が落下することが考えられます。ハーフヒッチをより高い位置にしたり、切り残した枝や曲り部分の上部に結ぶことで、材の末端から材が抜け落ちないようにしましょう。

## ブロッキングを用いたスピードライン

大きな幹の部分をブロックで吊り落とし（ブロッキング）、その後スピードラインに引き込んで降下させることができます。この方法は、材を真下に下ろせないときに使います。張ったスピードラインに材をどさっと落とさない（できるだけ衝撃荷重を掛けない）ことが重要です。スピードラインは最初緩んだ状態にしておきます。材を切り落とした後、落下しないように止めておき、かつブロックなどを用いてスピードラインに接続してお

**図8.10** 大きな幹の部分をブロックで吊り落とし、その後スピードラインに引き込んで降下させることができます。張ったスピードラインに切断した材をどさっと落とさないことが重要です。

きます。それから、スピードラインをしっかり張ります。元のリギングロープは、コントロールラインになります。

## リギング時に掛かる力の復習

　作業場所の上方にリギングポイントがない状態で大きな幹を除去(断幹)する場合、大きな動荷重が発生します。どれほど大きな力になるかを知ることは、ロープの選択やロープ廃棄のタイミングを見極めるためにも重要です。

　バットヒッチングを使用する場合の分かりやすい見本は、真っすぐ垂直の幹で、上部には受け口があり、切断部の上方にリギングラインが掛けてあるときです。リギングラインは切断部分のすぐ下にあるリギングブロックを介して、根元に設置してあるフリクションデバイスにつながっている状態です。この状態で最悪のケースは、ラインがフリクションデバイスに詰まり、材が流れないことです。こうなってしまうと荷重を軽減することはできません。このような作業状況では、明らかに荷重を減らせる方法はありま

せん。一方で、実際の現場では"切除部位を障害物の上に落とさないように止める状況"はよくあることです。ここで紹介しているケースは、衝撃荷重がどのくらい掛かるのか分析するには格好の見本です。

このシステムの場合には、次の5つの可変要素により力の量が低減されます。
- 使用するロープの種類。
- ロープの伸長量。
- 切断する材の重さ。
- 落下距離。
- リギングポイントでのロープの角度。

以上のどれかを調整することで、システム内に掛かるさまざまな力に影響します。また1つのルールとして、システムに掛かる力は、次に挙げる事を行うと軽減されます。
- より小さく切る。
- より伸びるロープを使う。
- 作業システム内により多くのロープを使う。
- 落下距離を減らす。
- 材を走らせて、徐々に材の降下スピードを落とす。

幹部分を切って吊り下ろすにつれて、幹の直径は大きくなり次第に高さは低くなっていきます。高さが低くなると作業システム内のロープ量が減り、ロープに掛かる荷重が増加します。また材を走らせる空間もなくなってきます。より厳しい作業環境となるため、切り落とす部位を小さくしましょう。

# まとめ

リギング作業ではクライミング、ロープの取り扱いと結び、チェーンソーの使用と切断技術、枝の除去技術などすべての技術を複合させることがアーボリストに求められます。上手なクライミングと切断技術は極めて重要ですが、さまざまな器材や方法を採用することでリギングシステムがどう変化するかを理解することも、重要なことです。そしてこの理解は、適正な訓練と経験によってなし得るものです。基礎的な知識と技術を、実際のリギング作業環境に応用することが、この職業における匠の技となります。

# 第8章 トップカットと重量のある材のリギング 確認テスト

解答を、それぞれ1つずつ選択して下さい。解答は巻末(174頁)にあります。

1. マーリンヒッチとハーフヒッチの違いは、＿＿＿＿である。
    a. マーリンヒッチは、材から外れるとオーバーハンドノットになること
    b. ハーフヒッチを結ぶと、よりしっかり保持されること
    c. マーリンヒッチは、材が地面に下りたとき、取り外すのが簡単なこと
    d. マーリンヒッチは、よりよいベンドレシオを有していること

2. 落下距離をコントロールすることは重要です。なぜなら、＿＿＿＿である。
    a. システム内のロープが多すぎると反力が増加するから
    b. ブロックの振り幅を最大限にすることが不可欠だから
    c. リギングロープに掛かる動荷重を減少させるから
    d. ほとんどのリギングスリングの長さは12フィート以下だから

3. ナチュラルクロッチを利用する場合、＿＿＿＿。
    a. エネルギーのほとんどは、ラインのフォールに吸収される
    b. より多くのエネルギーが、ラインのリードに吸収される
    c. エネルギーは垂れ下がったロープ両方に均等に分配される
    d. ブロックを使用する場合より、ロープのどちらにも掛かるエネルギーが少なくなる

4. ブロックを使って断幹（ブロッキング）する際、クライミングラインとランヤード両方をブロックのリギングスリングの上に置く理由は＿＿＿＿である。
    a. 荷重を受けるブロックとリギングラインから離しておくため
    b. 落下距離が短くなるから
    c. それらを可能な限りマーリンヒッチに近づけるようにするため
    d. チェーンソーで切断するのを避けるために

5. 断幹する際、マーリンヒッチまたはハーフヒッチが材の中心より下に結ばれていると、_____ 。
    a. 結びは幹から外れない
    b. 落下距離は影響を受けない
    c. 結びはしっかりと固定されない
    d. ランニングボーラインをプライマリーノットとして使用することはできない

6. クライミングロープをランニングボーラインで（幹に）チョーキングする際、ラインの末端を長くすることで、_____ 。
    a. フリクションヒッチが裏返らない
    b. フィギュア8（下降器）なしで安全に降下できる
    c. 下降する際（クライミングラインを）簡単に回収できる
    d. 上記すべて

7. ナチュラルクロッチで断幹するとき、ハーフヒッチを木のまたの下に結ぶことで防止できることは、_____ 。
    a. 材がスイングしてコントロールできなくなること
    b. リギングラインが挟まれること
    c. リギングライン自体が結ばれて、降下を妨げること
    d. 上記すべて

8. ブロッキング（断幹）をスピードラインと組み合わせて行うときに、絶対にしてはいけないことは _____ である。
    a. 張ったスピードラインに衝撃荷重を掛けること
    b. リギングポイントを作業場所の下にすること
    c. スピードラインにダブルブレイドロープを使用すること
    d. スピードラインをリディレクトすること

9. 断幹（ブロッキング）を行う際に、掛かる力を減らすためには ＿＿＿＿＿ 。
   a．（切って下ろす）材を小さくする
   b．システムにロープを追加する
   c．落下距離を少なくする
   d．上記すべて

10. 断幹（ブロッキング）を行う際に、掛かる力を減らす別の方法は、＿＿＿＿＿ 。
    a．切断部分により近いところでマーリンヒッチ（ハーフヒッチ）を結ぶ
    b．下降用ロープにより硬いロープを使用する
    c．材を走らせる
    d．上記すべて

# 訳者あとがき

　世界のISA認定アーボリスト先輩方の知識と経験がなければ、この本は出版できなかったでしょう。まず、この原本をこの世に送り出すために各種研究を収集したり、実践的な知識と技術を文字にして残してくれた著者のピーター・ドンゼリ博士、シャロン・リリー女史、技術協力としてケン・パーマー氏、リップ・トンプキンス氏、そしてISAの皆さんすべてに感謝しています。

　近頃、アーボリストの技術が日本国内で急速に広がってきており、自己流アーボリストが増えてきました。この技術の普及を促進するためには安全・防災の技術や知識を伝えていく必要があります。また、樹上作業のプロフェッショナル（アーボリスト）として、顧客から信頼を得られる確かな技術も求められます。そういった技術をしっかりと習得し、人材を育成する教育が欠かせません。だからこそ、しっかりとした国際機関での認定資格が求められるのです。しかし、それにふさわしいテキストが日本にはないのが悩みでした。そこで、世界的なアーボリカルチャーの普及機関であるISAのテキストを日本語に翻訳し出版することにしました。
　本書は安全と技術向上の土台となる科学的根拠、理論を分かりやすく解説した貴重なテキストです。
　是非じっくりと読んでいただき、アーボリストの技術の"なぜ"を知ってほしいと思うとともにISAやATIの認定資格取得にチャレンジしてみてはどうでしょうか。

　日本でも樹木に関する素晴らしい技術がたくさんありますが、同じように樹木管理に携わる世界のアーボリスト技術をこうして翻訳版を通じて日本の皆さんに分かち合うことができて嬉しく思っています。日本語翻訳に協力してくれた皆さんにも感謝いたします。

さあ、この本で学んだ後は、現場で経験を積み上げてください。ただし、「失敗は成功のもと」などとは言っていられません。リスク計算ができないとこの仕事は成り立たないことを十分に心に留めてください。"毎日命をかけて仕事をしている"といったようなことを自慢するのはやめましょう。そうではなく、安心してできる仕事を繰り返し、そして少しずつレベルを上げて高度な仕事ができる人になることを願っています。

　私たちが心がけていることは『Not 3 D』。
　No Damage, No Danger and Not Difficult

　木を愛する仲間として成功を祈ります。

2018年8月

アーボリスト®トレーニング研究所
ジョン・ギャスライト　川尻秀樹　髙橋晃展

# 資料編

- 用語集
- 樹木(生木丸太)の重量表

# 用語集

| | |
|---|---|
| 3ストランドロープ<br>3-strand rope | 3本のストランドをらせん状に撚り合わせたロープ。 |
| 12ストランドロープ<br>12-strand rope | 12本のストランドで編んだ芯（コア）のないロープ。 |
| 16ストランドロープ<br>16-strand rope | 強度を保つ外皮（カバー）とロープの形を保つ芯（コア）を持つ、編みロープ。 |
| T.D.S.<br>T.D.S | 正しく結んで（Tie）、形を整えて（Dress）、使用できる状態にする（Set）一連の作業の単語の頭文字を取ったもの。 |
| アーボリストブロック<br>arborist block | ロープスリングを取り付けるブッシュ、（荷下ろし）ロープ用の旋回シーブ、および厚みのある側板を持った、リギング作業によく使われる頑丈なプーリー。 |
| アイスプライス<br>eyesplice | アイを形作った末端のことで、ロープの端を折り返してスプライスされたもの。 |
| アイツーアイ・スリング<br>eye-to-eye sling | 両端にアイスプライスされたスリング。 |
| アジャスタブルバランサー<br>adjustable balancer | 枝を切除する際、その枝のバランスをとるため、長さ調整可能なリギング用スリング。 |
| アンカー<br>anchor | リギング作業時、リギングシステムが固定されている場所、または（荷下ろしロープの）摩擦量をコントロールしている場所。 |
| アンカーヒッチ<br>anchor hitch | 器具とロープを接続するのに一般的に使用される結び。 |
| アンカーフォース<br>anchor force | リギングシステムのアンカーポイントに作用する力の合計。 |
| アンカーブロック<br>anchor block | プーリーを使用するメカニカルアドバンテージシステムでの定滑車。 |
| アンダーカット<br>undercut | 枝下側の切り込み。枝が切れて落下する際、予期せぬ引き裂けを防止する。 |
| 位置エネルギー<br>potential energy | 物体の位置（固定された水平面に対して）に起因して生じる蓄積エネルギー。 |
| （力の）移動距離<br>displacement | 方向と大きさを含む距離のベクトル。 |
| ウーピースリング<br>whoopie sling | 調整可能なアイと不可能なアイそれぞれを両端に持ったスリングで、ホローブレイドロープから作られる。 |
| ウェビングスリング<br>webbing sling | ループ状の縫製されたウェビングで、リギングのアタッチメントとして使用される。 |
| ウォーターノット<br>water knot | ウェビングスリングの両端をつなぐ、オーバーハンドノットの応用。 |

| | | |
|---|---|---|
| ヴォルドテイン トレス（Vt）<br>Vold_tain tresse（Vt） | | フレンチプルージックの応用形で、クライミングとリギング両方に使用されるフリクションヒッチ。 |
| 運動エネルギー<br>kinetic energy | | 運動によって生じる物体のエネルギー。 |
| エネルギー<br>energy | | 仕事をするための力。 |
| エンドラインループ<br>endline loop | | 多数の結び目のいずれかを利用して作られたロープ末端に結ばれた輪。 |
| 重さ<br>weight | | ある物体に作用する重力の大きさ。 |
| ガースヒッチ<br>girth hitch | | 物体にロープやアイまたはエンドレスループを取り付けるために使用する簡単な結び。 |
| カーンマントル<br>kernmantle | | 荷重を受け持つ芯（コア）と、芯の形を保つように編まれた外皮（カバー）をもつロープ。 |
| カウヒッチ<br>cow hitch | | 木に器具を取り付けるためによく使われる結び。通常ハーフヒッチでバックアップする。 |
| 加速度<br>acceleration | | 物体の速度変化率。 |
| カラビナ<br>carabiner | | 楕円形の金属製のリング。クライミングやスタティックリギングに使用され、スプリング式のゲートで開閉できます。 |
| キーロック<br>key lock | | ロープを引っ掛けたりしないように設計されたバネ式のカラビナの外れ止めのこと。 |
| 空洞<br>cavity | | 木の内部が空いた損傷または空洞のことで、一般的に腐朽と関係している。 |
| クレビス<br>clevis | | シャックルを参照のこと。 |
| クローブヒッチ<br>clove hitch | | ロープに何か物を固定するために使用する結び。 |
| 限界使用荷重（WLL）<br>working load limit（WLL） | | 引張強度を設計係数で割った値；通常の作業を実行するときにロープまたはロープアセンブリにかかる、超過してはならない最大荷重。 |
| 合力<br>resultant | | 物体に作用する全ての力を合計したものに等しい単一の力。 |
| コネクティングリンク<br>connecting link | | リギング（やクライミング）システムで器具と器具を接続する部品。 |
| コントロールライン<br>control line | | スピードラインでの作業時、スピードライン上の荷の降下をコントロールし、プーリーまたはトラベラーアセンブリを回収するためのライン。 |
| サイクル・ツー・フェイラー<br>cycles to failure | | ロープやその他の機器が寿命を迎えるまでの、負荷を掛けて使用できる回数。 |
| 作業負荷<br>working load | | 通常の作業でロープにかかる荷重。 |

| | | |
|---|---|---|
| サルノコシカケ<br>conk | | 菌類の子実体。しばしば腐朽と関連する。 |
| シートベンド<br>sheet bend | | 2本のロープをつなぐ結び；2本のロープの直径は違っても問題ない。 |
| シーブ<br>sheave | | ロープが通るブロック内の内側部分（鋼車）。 |
| 仕事<br>work | | 物体を任意の距離へ動かす力（変位）。 |
| シャックル<br>shackle | | ピンを貫通させたU字型接続金具；クレビスともいう。 |
| 出力<br>output force | | 有効仕事量。機械によって生み出され、（入力後に）変化した荷重量に等しい。 |
| スクリューリンク<br>screw link | | ネジで締め込む機構を持った接続具で、リギング作業に使用する。 |
| スクリューロック<br>screw lock | | カラビナなどの接続具のうち、ネジ式のロック機構を持つもの。 |
| スターティングコーナー<br>starting corner | | ボアカット（突っ込み切り）の切り始めに使う、チェーンソーバーの前側下部先端。 |
| スタティック・リムーバブル・フォルスクロッチ<br>static removable (retrievable) false crotch | | 地上からアーボリストブロックをセットして解除もできるフォルスクロッチの1種。 |
| スタンディングパート<br>standing part | | 作業に直接使用されていない部分。 |
| ストランド<br>strand | | ロープを構成する要素で最大のもの；ヤーン（撚糸）はさらに撚られてストランドになり、そのストランドが（通常は反対方向に）撚られるか編まれるかしてロープを形成する。 |
| スナップカット<br>snap cut | | 手作業で材を切り離すことができるように、2つの切り込み位置をずらして重ねる切断技術；ミスマッチカットともいう。 |
| スパイダーバランサー<br>spider balancer | | 大きな枝を切ったときに、枝の元・先端いずれも揺らさず落とすことなく下ろすために、複数のスリングを利用するシステム。 |
| スピードライン<br>speedline | | 材を地面に向かって滑らせて下ろすように張られたリギングライン。 |
| スプライスド・アイ<br>spliced-eye | | アイスプライスを参照のこと。 |
| スプライスド・アイスリング<br>spliced-eye sling | | 末端にアイスプライスがあるロープ。 |
| スリップインノット<br>slipped | | ロープ端のバイト部分を結び目に通して、結びを素早く解ける結び方。 |
| スリップノット<br>slip knot | | 引き解くことができるオーバーハンドノット。 |

| | |
|---|---|
| スリッペリーベンド<br>slippery bend | 2本のロープをつなぐ結びのことで、2本目のワーキングエンドを引っ張ると2本のロープを簡単に解除できる。 |
| スリング<br>sling | リギング作業で使用され、器具を取り付けたり、枝を吊り下げたりするもの。 |
| 静力学<br>statics | 平衡状態にある力の研究。 |
| ターン<br>turn | ロープを対象物の周りに巻き付けること。 |
| ダイナモメーター<br>dynamometer | 荷重量の測定器。 |
| タグライン<br>tagline | 切った枝の揺れを抑えに使用するロープで、切断した木や枝の方向や落下時のコントロールに使用する。 |
| ダブルフィッシャーマンズベンド<br>double fisherman's bend | プルージック用ループを作る時のように、2本のロープもしくは同じロープの両末端をつなぐ結び。 |
| ダブルブレイド<br>double braid | ブレイドロープの中にブレイドロープがある構造のロープ。 |
| ダブルロック<br>double-locking | カラビナまたはスナップで、開ける前に2つの異なる動きが必要な機能。 |
| 弾性エネルギー<br>elastic energy | 運動エネルギーであり、材やシステムに一時的に蓄えられる、弾性的な位置エネルギー。 |
| 力<br>force | ある物体が別の場所・物体に働く動き。 |
| チップタイ<br>tip-tying | 切除する枝の枝先にロープを結ぶこと。 |
| ツェッペリンベンド<br>zeppelin bend | 2本のロープをつなぐ結び。 |
| ツル<br>hinge | 受け口と追い口の間に作られる木材繊維の細長い部分。樹木や枝の伐倒（切断）方向をコントロールするのに役立つ。 |
| ティンバーヒッチ<br>timber hitch | ロープを決められた回数巻きつけた結びで、ロープを枝や樹木に固定するために使用する。 |
| テクニック<br>technique | 与えられた課題をこなす手段。 |
| デザインファクター<br>design factor | ロープの定格荷重または破断荷重を規定されたWLL（限界使用荷重）で割ったもの。 |
| デッド・アイ・スリング<br>dead-eye sling | 片側にアイスプライスがあるロープスリング。 |
| 動荷重<br>dynamic loading | 物体の動きから生まれる力で、時間とその動きによって変化する。 |
| 動力学<br>dynamics | 力の作用の下で物体がどのように動くのかということ。 |

| | | |
|---|---|---|
| トッピング（トップカット）<br>topping | | リギング作業で、木の先端を切除すること。 |
| トッピングカット<br>topping cut | | 木の先端を切除する時に使用するヒンジカットのこと。 |
| ドリフトライン<br>drift line | | ロードトランスファーの応用で、通常別の場所にある２本目のライン（木）に荷重を移していく技術。 |
| ドロップカット<br>drop cut | | 枝の下側と上側から切り込みを入れて行う、枝の切断技術。 |
| ナチュラルクロッチ・リギング<br>natural-crotch rigging | | リギングポイントに自然の木のまたを利用するリギングの方法。 |
| 入力<br>input force | | 最初にシステムに加えられた力。 |
| 根張り<br>root flare | | 幹が広がって根につながる部分。 |
| ノッチ<br>notch | | 伐採のために、丸太や木に作るくさび型の切り口（受け口）。 |
| ノッチ・ゲート<br>notch gate | | （バネ式の）カラビナの外れ止め機構の１つ。 |
| ノットレスシステム<br>knotless system | | ループスリングとコネクティングリンクを使用して、下降ラインに枝または木の一部分を取り付けるリギングシステム。 |
| バーバーチェア<br>barber chair | | 木や枝に追い口を入れた時に縦（垂直）に裂け上がる危険な現象。 |
| ハーフヒッチ<br>half hitch | | 何かの物体にロープを一時的に固定するための簡単な結び；他の結び目と併用することでバックアップとしても使用される。 |
| バイト<br>bight | | ロープの曲がりや弧の部分。 |
| バタフライノット<br>butterfly knot | | ロープのスタンディングパートに輪っかを作る結び。 |
| 破断強度<br>breaking strength | | 静荷重の下で装置またはロープが破損する力の強さ。 |
| バックカット<br>back cut | | 伐採や枝の除去の際、一連の切断作業の最後に行う工程で、受け口の反対側から入れるもの（追い口）。 |
| バットタイ<br>butt-tying | | リギングで枝元側に（ロープを）結ぶこと。 |
| バットヒッチング<br>butt-hitching | | リギングポイントが作業場所の下にあるとき（伝統的にはブロックを使用せずに）に材を下ろす方法。 |
| バランサー<br>balancer | | アイスプライスを持ち、枝のバランスを取るためのライン上にプルージックを備えたリギング用スリング。 |
| バランス<br>balance | | リギング作業時、吊った枝の端をどちらも下げることなく下降させる技術。 |

| | |
|---|---|
| バントラインヒッチ<br>buntline hitch | 器具にロープを結ぶ際、よく使用される結び。 |
| 反力<br>reaction force | 物体に作用する力と反対方向に作用する等しい大きさの力。 |
| ビアノット<br>beer knot | 管状ウェビングの2つの端部を接合するのに一般的に使用される結び目。 |
| 引張強度<br>tensile strength | 新しい器具またはロープに静荷重を掛けてテストする際に、破断する力の強さ。 |
| ビレイデバイス<br>belay device | クライマーをビレイする際、摩擦を掛けるための器具。 |
| ヒンジカット<br>hinge cut | ツルを作り、枝を切り離す方向をコントロールする切断技術。 |
| ファイバー（繊維）<br>fiber | ロープの最小要素。 |
| フィックスド・アイスリング<br>fixed-eye sling | 片側の末端にアイスプライスがある（短い長さの）ロープ。 |
| フィックスド・ループ<br>fixed loop | ウェビングまたはロープスリングで、大きさが固定された輪。 |
| フィックスドレングス・バランス<br>fixed-length balance | 枝の切除に用いる、長さが調整できないスリング。 |
| フィッシングポールテクニック<br>fishing-pole technique | 切除する物の下にある複数のリギングポイントにリギングラインを通して行うリギング技術。 |
| プーリー<br>pulley | 2つの側板の間に回転する溝がついたホイールを持つ器具；ラインの引く方向を変更するために使用される。 |
| フェイスカット<br>face cut | 木や枝を切る際に使用する切り込み。 |
| フェイスノッチ（受け口）<br>face notch | 伐倒または枝の切断に用いるツルの前面につくるくさび型（V字型）の切り込み。 |
| フォール<br>fall | リギングラインのリギングポイントからアンカーポイントまでの部分。 |
| フォルスクロッチ<br>false crotch | クライミングラインやリギングラインをサポートするため、プーリーもしくは他の器具を木にセットすること。。 |
| ブッシュ<br>bushing | プーリーの車軸やシーブなどの可動部品のガイドやベアリングとして機能する金属チューブ。またはスリングアタッチメントの曲げ半径を増やすために使用される非回転シーブ。 |
| フットロック<br>footlock | ロープを足に絡めて木に登る方法。 |
| フリクションデバイス<br>friction device | リギングラインを巻き付けて、材の下降を摩擦力でコントロールする器具。 |

|  |  |
|---|---|
| プルージック<br>Prusik | プルージックヒッチを参照のこと。 |
| プルージック・マインディング<br>Prusik minding | ブロックのシーブにプルージックを巻きこんだりしないよう、拡張したチークプレートで作られた特別なプーリー。 |
| プルージックヒッチ<br>Prusik hitch | クライミングとリギングに使用される、複数回巻きつけるタイプのフリクションヒッチ。フットロッキングに用いられる。 |
| プルージックループ<br>Prusik loop | クライミングやリギングでプルージックヒッチを結ぶために使うループ。 |
| プルライン<br>pull line | 切除する材や木の先端近くに結び、引っ張るためのロープ。 |
| ブレイドロープ<br>braided rope | ストランド（撚糸）またはヤーン（繊維）が対角線のパターンで織られた編ロープ。 |
| フレンチプルージック<br>French Prusik | クライミングとリギングに使用されるフリクションヒッチ。 |
| フローティングアンカー<br>floating anchor | 2点間の任意の場所に移動が可能な、リギングシステムのアンカーポイント。 |
| ブロッキング<br>blocking | 断幹作業でアーボリストブロックを使用する方法（バットヒッチング）。 |
| ブロック<br>block | リギングに使用されるプーリー；動荷重向けに設計されている。 |
| ベアリング<br>bearing | ブロックまたはプーリーで、シーブと車軸の間の接触する部分(にある摩擦を軽減する部品）。 |
| ベクトル<br>vector | 大きさと方向の両方を持った量をグラフに表したもの。 |
| ベケット<br>becket | プーリーの第2アタッチメントポイント。 |
| ベンドラディウス<br>bend radius | ロープが巻きついて通りすぎる物体の半径。 |
| ベンドレシオ<br>bend ratio | 枝、シーブ、または他の装置の直径とそれに巻き付けられたロープの直径との比。 |
| ボアカット（突っ込み切り）<br>bore cut | 幹の中心に向かって切り始め、幹を突き抜けた後にツルを作り、次にツルから離す方向に切り進めるバックカット（追い口）技術の1つ。 |
| ポータラップ<br>Port-a-Wrap | リギング作業で下降用ライン（ロードライン）に摩擦を生じさせて、（下降を）コントロールする器具。 |
| ボーライン<br>bowline | ロープに何か物を取り付けるために使用される輪の結び（もやい結び）。 |
| ボーライン・オンアバイト<br>bowline on a bight | ロープのスタンディングパートに2つのループを作る結び。 |
| ボラード<br>bollard | 摩擦を増やすためにロープを巻き付ける筒状のもの。 |

| | | |
|---|---|---|
| ホローブレイド<br>hollow braid | | 芯(コア)がない構造の編みロープ。 |
| マーリング<br>marling | | 何回もマーリンヒッチを結ぶこと。 |
| マーリンヒッチ<br>marline hitch | | 何か物を縛る際に用いる結びで、リギングでは材の下降時にプライマリーノットと組み合わせて使用される補助の結び。 |
| マイクロプーリー<br>micropulley | | クライミングやリギング作業で使用される小型軽量プーリー(結び目を移動させるなど、補助的な役割で使用される)。 |
| **摩擦**<br>friction | | 接触している2つの物体間の相対運動に抵抗する力;常に動きの反対側に摩擦力が働く。 |
| ミスマッチカット<br>mismatch cut | | スナップカットを参照のこと。 |
| ミッドラインループ<br>midline loop | | ロープのスタンディングパートにしっかりと結ばれたループ。 |
| ムービングブロック<br>moving block | | メカニカルアドバンテージシステムでの動滑車。 |
| メカニカルアドバンテージ<br>mechanical advantage | | 倍力を得るためのシステム。 |
| メソッド<br>method | | 基本技術と組み合わせて特定の器具を利用すること。 |
| モーメント<br>moment | | 支点から任意の距離で作用する力によって引き起こされるねじれの動き。 |
| ヤーン<br>yarn | | 繊維を撚って作られるロープの一要素;ヤーンを撚り合わせるとストランドになる。 |
| ラウンドターン<br>round turn | | 物体の周りをロープが2巻きして、ループが作られた状態のこと。 |
| ラチェットボラード<br>ratcheting bollard | | 材などを持ち上げる機構を備えた、ボラード型ローワリングデバイス。 |
| ラップ<br>wrap | | 物体(通常はフリクションデバイスまたは木の一部)の周りにロープを巻いて、その摩擦力を利用して大きな負荷をコントロールしながら枝や幹を下ろす作業。 |
| ランニングエンド<br>running end | | 作業時に直接使用されないロープの末端部分。 |
| ランニングボーライン<br>running bowline | | 枝の切除の時によく使われる結びの1つ。 |
| リード<br>lead | | リギングラインのリギングポイントから荷までの部分。 |
| 力学<br>mechanics | | 静止もしくは動いている物体に、運動がどう作用するかについての学問。 |
| リギング<br>rigging | | ロープと器材を使用して大きな枝や木を切除して下ろす方法。 |

|  |  |
|---|---|
| リギングポイント<br>rigging point | リギング作業時、枝の切除を行うためにコントロールするリギングラインが通る支点（ナチュラル／フォルスクロッチ）。 |
| リディレクトリギング<br>redirect rigging | リギングロープの経路を変更することで、力の向き、もしくは枝の（切断等の）方向を変更すること。 |
| リフティング<br>lifting | 下部にある障害物を避けるため、枝の先端を下降前に持ち上げるリギング技術。 |
| リフティングカット<br>lifting cut | ヒンジカットの応用で、リフティングして枝を切る技術。 |
| ルーピー<br>loopie | ループの大きさが調整可能なループスリング。 |
| ループ<br>loop | バイトが交差したもの、もしくは固く結ばれたもの。 |
| ループノット<br>loop knot | 数ある結びの総称で、ライン上にループを作る際に用いる。 |
| レスキュープーリー<br>rescue pulley | リギング作業に使用される軽負荷向けプーリー。 |
| ロードトランスファーライン<br>Load-transfer line | 枝や材の荷重を1本目のリギングラインから2本目のリギングラインに移すリギング技術。 |
| ロードバインダー<br>load binder | 荷を固定する結束具。 |
| ロードライン<br>load line | 切断した材の荷下ろしに使用されるロープ（リギングライン）。 |
| ロープスリング<br>rope sling | 一般的に最低でも1つのアイスプライスを持ったロープで、リギング作業時に器具もしくは木の一部分を固定するロープ。 |
| ロープバッグ<br>rope bag | クライミングロープやリギングロープを保管するバッグ。 |
| ローワリングデバイス<br>lowering device | リギング作業時、木の根元に取り付けられ、ロープを巻きつけて摩擦力を利用して下降のコントロールをする器具。 |
| ローワリングライン<br>lowering line | ロードラインを参照のこと。 |
| ワーキングエンド<br>working end | 使用する（材を結ぶ）側のロープの末端。 |

## 樹木（生木丸太）の重量表

注）1フィート（フート）=0.3048m
1立方フィート=0.028317㎥
1ポンド=0.4536kg

| 樹 種 | 1立方フィート当たりの重量（ポンド） | 丸太の平均直径（インチ）に基づく長さ1フィートの重量（ポンド） | | | | | | | |
|---|---|---|---|---|---|---|---|---|---|
| | | 10″ | 12″ | 14″ | 16″ | 18″ | 20″ | 22″ | 24″ |
| アメリカガシワ（ピンオーク）　Oak, pin | 64 | 35 | 50 | 68 | 89 | 113 | 140 | 169 | 201 |
| アメリカサイカチ　Locust, honey | 61 | 33 | 48 | 65 | 85 | 108 | 133 | 161 | 192 |
| アメリカシナノキ（バスウッド）　Basswood | 42 | 23 | 33 | 45 | 59 | 74 | 92 | 111 | 132 |
| アメリカスズカケノキ　Sycamore | 52 | 28 | 41 | 55 | 72 | 92 | 113 | 137 | 163 |
| アメリカツガ　Hemlock, western | 41 | 22 | 32 | 43 | 57 | 72 | 89 | 108 | 129 |
| アメリカトネリコ（ホワイトアッシュ）<br>Ash, white | 48 | 26 | 38 | 51 | 67 | 85 | 104 | 126 | 150 |
| アメリカニレ　Elm, American | 54 | 29 | 42 | 58 | 75 | 95 | 118 | 142 | 169 |
| アメリカハナノキ（レッドメープル）　Maple, red | 50 | 27 | 39 | 53 | 70 | 88 | 109 | 132 | 157 |
| アメリカヤマナラシ（アメリカハコヤナギ）<br>Aspen, quaking | 43 | 23 | 34 | 46 | 60 | 76 | 94 | 114 | 135 |
| ウェスタンホワイトパイン（アイダホホワイトパイン）<br>Pine, western white | 36 | 20 | 28 | 38 | 50 | 64 | 78 | 95 | 113 |
| エノキ（ハックルベリー）　Hackberry | 50 | 27 | 39 | 53 | 70 | 88 | 109 | 132 | 157 |
| オニヒバ（インセンスシダー）　Cedar, incense | 45 | 25 | 35 | 48 | 63 | 79 | 98 | 119 | 141 |
| オバータヒッコリー（アラハダヒッコリー）<br>Hickory, shagbark | 64 | 35 | 50 | 68 | 89 | 113 | 140 | 169 | 201 |
| カキノキ　Persimmon | 63 | 34 | 49 | 67 | 88 | 111 | 137 | 166 | 198 |
| カナダツガ　Hemlock, eastern | 49 | 27 | 38 | 52 | 68 | 86 | 107 | 129 | 154 |
| カバノキ、カンバ　Birch, paper | 50 | 27 | 39 | 53 | 70 | 88 | 109 | 132 | 157 |
| カラマツ　Larch | 51 | 28 | 40 | 54 | 71 | 90 | 111 | 135 | 160 |
| カリフォルニアブラックオーク<br>Oak, Califonia black | 66 | 36 | 51 | 70 | 92 | 116 | 144 | 174 | 207 |
| サトウカエデ　Maple, sugar | 56 | 31 | 44 | 60 | 78 | 99 | 122 | 148 | 176 |
| シトカストウヒ　Spruce, Sitka | 32 | 17 | 25 | 34 | 45 | 56 | 70 | 84 | 100 |
| シュガーパイン　Pine, sugar | 52 | 28 | 41 | 55 | 72 | 92 | 113 | 137 | 163 |
| シルバーメープル（ギンヨウカエデ）<br>Maple, silver | 45 | 25 | 35 | 48 | 63 | 79 | 98 | 119 | 141 |
| シロモミ（コロラドモミ、ホワイトファー）<br>Fir, white | 47 | 25 | 37 | 50 | 66 | 83 | 102 | 124 | 148 |
| スカーレットオーク（ベニガシワ）　Oak, scarlet | 64 | 35 | 50 | 68 | 89 | 113 | 140 | 169 | 201 |
| ストローブマツ（イースタンホワイトパイン）<br>Pine, eastern white | 36 | 20 | 28 | 38 | 50 | 64 | 78 | 95 | 113 |
| スラッシュマツ（カリビアマツ）　Pine, slash | 58 | 32 | 45 | 62 | 81 | 102 | 126 | 153 | 182 |
| セイヨウトチノキ　Horsechestnut | 41 | 22 | 32 | 43 | 57 | 72 | 89 | 108 | 129 |
| セイヨウトネリコ（オレゴンアッシュ）<br>Ash, Oregon | 48 | 26 | 38 | 51 | 67 | 85 | 104 | 126 | 150 |
| セコイアメスギ（レッドウッド）<br>Redwood, coast | 50 | 27 | 39 | 53 | 70 | 88 | 109 | 132 | 157 |

注）1フィート（フート）＝0.3048m
1立方フィート＝0.028317㎥
1ポンド＝0.4536kg

| 樹種 | 1立方フィート当たりの重量（ポンド） | 丸太の平均直径（インチ）に基づく長さ1フィートの重量（ポンド） | | | | | | | |
|---|---|---|---|---|---|---|---|---|---|
| | | 10″ | 12″ | 14″ | 16″ | 18″ | 20″ | 22″ | 24″ |
| センダン　Chinaberry | 50 | 27 | 39 | 53 | 70 | 88 | 109 | 132 | 157 |
| ダイオウショウ（ダイオウマツ）　Pine, longleaf | 55 | 30 | 43 | 58 | 77 | 97 | 120 | 145 | 173 |
| テーダマツ　Pine, loblolly | 53 | 29 | 41 | 56 | 74 | 93 | 116 | 140 | 166 |
| ニセアカシア　Locust, black | 58 | 32 | 45 | 62 | 81 | 102 | 126 | 153 | 182 |
| ヌマスギ（ラクウショウ）　Baldcypress | 51 | 28 | 40 | 54 | 71 | 90 | 111 | 135 | 160 |
| ヌマミズキ（ブラックガム）　Gum, black | 45 | 25 | 35 | 48 | 63 | 79 | 98 | 119 | 141 |
| ハンノキ（レッドアルダー）　Alder, red | 46 | 25 | 36 | 49 | 64 | 81 | 100 | 121 | 144 |
| ビロートトネリコ（グリーンアッシュ、レッドアッシュ、ビロードアッシュ）　Ash, green | 47 | 25 | 37 | 50 | 66 | 83 | 102 | 124 | 148 |
| ヒロハハコヤナギ　Cottonwood | 49 | 27 | 38 | 52 | 68 | 86 | 107 | 129 | 154 |
| ブナ　Beech | 54 | 29 | 42 | 58 | 75 | 95 | 118 | 142 | 169 |
| ブラックウォルナット（クロクルミ）　Walnut, black | 58 | 32 | 45 | 62 | 81 | 102 | 126 | 153 | 182 |
| ブラックチェリー（ワイルドチェリー）　Cherry, black | 45 | 25 | 35 | 48 | 63 | 79 | 98 | 119 | 141 |
| ベイスギ（ウエスタンレッドシダー）　Cedar, westem red | 28 | 15 | 22 | 30 | 39 | 49 | 61 | 74 | 88 |
| ベイマツ（ダグラスファー）　Fir douglas- | 39 | 21 | 30 | 41 | 55 | 69 | 85 | 103 | 122 |
| ベイモミ（ノーブルファー、レッドファー）　Fir, noble | 29 | 16 | 23 | 31 | 41 | 51 | 63 | 77 | 91 |
| ペカン　Pecan | 61 | 33 | 48 | 65 | 85 | 108 | 133 | 161 | 192 |
| ポストオーク　Oak, post | 63 | 34 | 49 | 67 | 88 | 111 | 137 | 166 | 198 |
| ホワイトオーク（シロガシワ）　Oak, white | 62 | 34 | 48 | 66 | 86 | 109 | 135 | 163 | 194 |
| ポンデローサマツ（ポンデローサパイン）　Pine, ponderosa | 46 | 25 | 36 | 49 | 64 | 81 | 100 | 121 | 144 |
| モミジバフウ（アメリカフウ）　Sweetgum | 55 | 30 | 43 | 58 | 77 | 97 | 120 | 145 | 173 |
| ヤナギ　Willow | 32 | 17 | 25 | 34 | 45 | 56 | 70 | 84 | 100 |
| ユリノキ（ハンテンボク、チューリップツリー）　Poplar, yellow | 38 | 21 | 30 | 40 | 53 | 67 | 83 | 99 | 119 |
| ヨーロッパナラ（イングリッシュオーク）　Oak, English | 52 | 28 | 41 | 55 | 72 | 92 | 113 | 137 | 163 |
| ライブオーク　Oak, live | 76 | 41 | 60 | 81 | 106 | 134 | 166 | 200 | 238 |
| リバーレッドガム（ユーカリ・カマルドレンシス）　Gum, red（Eucalyptus） | 50 | 27 | 39 | 53 | 70 | 88 | 109 | 132 | 157 |
| レッドオーク（アカガシワ）　Oak, red | 63 | 34 | 49 | 67 | 88 | 111 | 137 | 166 | 198 |
| レッドスプルース（アカトウヒ）　Spruce, red | 34 | 19 | 27 | 36 | 47 | 60 | 74 | 90 | 106 |
| ロッジポールパイン　Pine, lodgepole | 39 | 21 | 30 | 41 | 55 | 69 | 85 | 103 | 122 |

資料：ANSI Z133.1-2000.American National Standard for Arboricultural Operations-Pruning, Repairing, and Removing Trees and Cutting Brush-Safety Requirements.

## 確認テスト　解答

### 1章　序論　技術と方法
1……a　　6……a
2……d　　7……c
3……c　　8……d
4……b　　9……c
5……b　　10……a

### 2章　器材とロープ
1……d　　6……d
2……b　　7……a
3……a　　8……c
4……c　　9……b
5……b　　10……d

### 3章　リギングノット
1……a　　6……b
2……b　　7……c
3……d　　8……d
4……a　　9……a
5……c　　10……a

### 4章　枝下ろし基本編
1……d　　6……a
2……d　　7……c
3……a　　8……d
4……d　　9……d
5……b　　10……d

### 5章　枝下ろし上級編
1……b　　6……d
2……b　　7……a
3……a　　8……c
4……c　　9……b
5……d　　10……a

### 6章　複合的なリギングテクニック
1……d　　6……a
2……b　　7……d
3……d　　8……d
4……b　　9……b
5……d　　10……c

### 7章　リギング作業における力の理解
1……a　　6……d
2……b　　7……a
3……d　　8……d
4……a　　9……c
5……c　　10……c

### 8章　トップカットと重量のある材のリギング
1……a　　6……c
2……c　　7……d
3……b　　8……a
4……a　　9……d
5……b　　10……c

# 参考資料

**American National Standards Institute.** American National Standard for Tree Care Operations—Pruning, Trimming, Repairing, Maintaining, and Removing Trees and Cutting Brush-Safety Requirements (Z133.1). International Society of Arboriculture, Champaign, IL.

**Blair, D.F. 1999.** Arborist Equipment: A Guide to the Tools and Equipment of Tree Maintenance and Removal. 2nd ed. International Society of Arboriculture, Champaign, IL. International Society of Arboriculture. ArborMaster Training Video Series I: Climbing Techniques and Equipment (six videocassettes and workbooks). ISA, Champaign, IL.

**International Society of Arboriculture.** ArborMaster Training Video Series II: Climbing Equipment Innovations (two videocassettes and workbooks). ISA, Champaign, IL.

**International Society of Arboriculture.** ArborMaster Training Video Series III: Chain Saw Safety, Maintenance, and Cutting Techniques (six videocassettes and workbooks). ISA, Champaign, IL.

**International Society of Arboriculture and National Arborist Association. 1999.** Basic Training for Tree Climbers (five videocassettes and workbook). ISA, Champaign, IL, and NAA, Manchester, NH.

**Jepson, J. 2000.** The Tree Climber's Companion. 2nd ed. Beaver Tree Publishing, Longville, MN.

**Lilly, S. 1998.** Tree Climbers' Guide. International Society of Arboriculture, Champaign, IL.

**National Arborist Association and International Society of Arboriculture. 2000.** Basic Training for Ground Operations in Tree Care (five videocassettes and workbook). NAA, Manchester, NH, and ISA, Champaign, IL.

**National Arborist Association. 1998.** Rigging for Removal (two videocassettes and workbook). NAA, Manchester, NH.

# 索引

## A～Z

| | |
|---|---|
| GRCS | 44 |
| kern | 49 |
| mantle | 49 |
| MBS | 144 |
| SWL | 50 |
| T.D.S | 58 |
| TREE PRO社 | 43 |
| Vt | 43, 98 |
| WLL | 21, 50, 77, 98, 144 |

## あ

| | |
|---|---|
| アーボリストブロック | 21, 76, 77 |
| アイツーアイ | 43 |
| アンカーブロック | 99 |
| 安全衛生規則 | 16, 73 |
| 安全係数 | 50 |
| 安全使用荷重 | 21, 50 |
| 安全率 | 50 |
| 位置エネルギー | 134 |
| ヴァルドテイントレス | 43 |
| ウーピー | 22 |
| ウェビング | 21, 45 |
| ウォーターノット | 45, 65 |
| ヴォルドテイントレス | 62, 98 |
| 受け口 | 147 |
| 運動エネルギー | 134, 135 |
| 運動の第2法則 | 31 |
| エイト環 | 146 |

| | |
|---|---|
| エネルギー保存の法則 | 134 |
| エンドラインループ | 58 |
| 追い口切り | 131 |
| 追い口 | 147 |
| 追いヅル切り | 132 |
| オープンフェイスノッチ | 130 |
| おがくず | 14 |

## か

| | |
|---|---|
| ガースヒッチ | 17, 42, 64, 121 |
| 会合線 | 148 |
| 会合点 | 132 |
| 外皮 | 49 |
| カウヒッチ | 21, 64 |
| 荷重 | 134 |
| カフカット | 26, 27, 131 |
| カラビナ | 21, 22 |
| 監視人 | 16, 73 |
| 慣性の法則 | 31 |
| キーロック | 40 |
| 危険ゾーン | 120 |
| クイックリンクス | 39 |
| 空洞 | 13, 14 |
| グランドワーカー | 147 |
| クレビス | 40 |
| クローブヒッチ | 17, 20, 59 |
| ケブラー | 47 |
| 限界作業荷重 | 98 |
| 限界使用回数 | 50 |
| 限界使用荷重 | 21, 50, 77 |
| 高所作業車 | 145 |

| | | | |
|---|---|---|---|
| 腰掛け結び | 59 | スリップノット | 60 |
| コネクター | 21 | スリッペリーベンド | 61 |
| コネクティングリン | 17 | 静荷重 | 84 |
| 5倍力システム | 99 | セルフテイリングウインチ | 44 |
| コマンド | 82 | ソフトシャックル | 118 |
| ゴムハンマー | 14 | | |
| コントロールライン | 116 | | |

## さ

| | |
|---|---|
| 最終意思決定者 | 15 |
| サイドプレート | 38 |
| 作業計画 | 145 |
| 裂け目 | 13 |
| サドル | 146 |
| 作用・反作用 | 98 |
| サルノコシカケ | 14 |
| シートベンド | 61 |
| 事業者 | 16, 73 |
| 子実体 | 13 |
| 出力 | 99 |
| 衝撃荷重 | 117 |
| 芯 | 49 |
| シングルエンド | 48 |
| シングルシーブ | 38 |
| スクリューリンクス | 39 |
| スターティングコーナー | 132, 148 |
| スタティックライン | 111 |
| スタティックリムーバブル　　フォルスクロッチ | 111 |
| ストランド | 47 |
| スナップカット | 24, 25, 73 |
| スパイダーバランサー | 113 |
| スピードライン | 16, 18, 153 |
| スプライス | 41 |
| スペクトラ | 47 |

## た

| | |
|---|---|
| ターン | 57 |
| タインポイント | 27 |
| ダイナモメーター | 137 |
| タグライン | 18, 22 |
| ダブルエンド | 48 |
| ダブルシーブ | 38 |
| 断幹 | 145, 130, 153 |
| 弾性エネルギー | 136 |
| チークプレート | 38 |
| チップタイ | 78 |
| チップタイ＆ドロップ | 16 |
| チップタイ＆リフト | 16, 94 |
| 中央Dリング | 146 |
| 長軸方向 | 83 |
| チョーカースリング | 22 |
| チョークドスプライス | 20 |
| ツェッペリンベンド | 63 |
| 突っ込み切り | 132, 148 |
| 吊り落とし | 152 |
| ツル | 25, 130, 131 |
| 定格荷重 | 50 |
| 定滑車 | 99 |
| ディセンダー | 146 |
| ティンバーヒッチ | 21, 64 |
| テープ結び | 65 |
| テクノーラ | 47 |
| デザインファクター | 50 |
| デッドアイスリング | 73 |

テンションコントロール ……… 119
動荷重 …………………………… 84
動滑車 …………………………… 99
トッピングカット ……………… 26
トップカット …………………… 130
トラベラーアッセンブリー …… 118
ドラム …………………………… 44
ドリフトライン ……… 109, 110, 114
ドリル …………………………… 14
ドロップカット ………………… 24

## な

ナチュラルクロッチ …… 16, 17, 19, 74
ナチュラルクロッチリギング …… 150
斜め切り ………………………… 130
ニュートン第2の法則 ………… 31
入力 ……………………………… 99
ノッチゲート …………………… 40
ノットレス・リギング ………… 17
ノットレスシステム …………… 122
ノットレスリギングシステム … 121

## は

バーバーチェア …………… 132, 148
ハーフヒッチ ……… 17, 20, 60, 150, 151
バイト ……………………… 21, 57, 111
バイパス ………………………… 131
バタフライ ……………………… 63
破断荷重 ………………………… 50
バットタイ ………………… 16, 78
バットヒッチング ………… 17, 129
バランサー ………………… 23, 83
バランシング …………………… 83
バランス ………………………… 16
反発力 …………………………… 148

反力 ……………………………… 99
ビアーノット ……………… 45, 65, 66
ヒッチ …………………………… 58
引っ張り強度 …………………… 50
ひばり結び ……………………… 64
ヒンジカット …………………… 25
フィックストループ ………… 21, 22
フィッシングポールテクニック
　　　………………………… 17, 101
フィドルブロック ……………… 95
プーリー ………………………… 18
フォール ………………………… 57
フォルスクロッチ …………… 19, 76
腐朽 ……………………………… 13
ふじ結び ………………………… 65
プライマリーノット …………… 20
フリクションデバイス
　　　………………… 17, 19, 43, 150
ブリッジ ………………………… 60
プルージック ……………… 23, 62
プルライン ……………………… 27
フローティングアンカー ……… 119
ブロッキング ……… 17, 129, 152
ブロック ………………………… 18
ベクトル図 ……………………… 96
ベンド …………………………… 58
ベンドレシオ ……………… 77, 91
ボアカット …………………… 132, 148
ポータラップ ……………… 44, 80
ボーライン ………………… 58, 112
ボーラインオンアバイト ……… 59
ボラード ………………………… 95
ホローブレイド ………………… 42

## ま

マーリング ……………………………… 151
マーリンヒッチ …………… 20, 60, 151
曲がり率 ………………………………… 91
巻き結び ………………………………… 59
曲げモーメント ……………………… 147
摩擦力 ………………………………… 134
マチャードトレス ……………………… 62
ミスマッチカット …………………… 24, 25
ミッドラインループ …………………… 58
メカニカルアドバンテージ …… 95, 97
メジャーアクシス ……………………… 83
モーメント ……………………………… 95
もやい結び ……………………………… 58

## ら

ラウンドターン ………………………… 57
落下距離 ……………………………… 152
ランディングゾーン …………………… 82
ランニングエンド ……………………… 56
ランニングボーライン ………… 20, 58
リード …………………………………… 57
力学的エネルギー保存の法則 ……… 30
リディレクトスピードライン ……… 116
リディレクトリギング ………… 16, 93
リフティングカット …………………… 26
リンクス ………………………………… 21, 23
ルーピー ………………………………… 21
ループ ……………………………… 57, 58
ループスリング ………………… 17, 73
レスキュープーリー ………………… 119
レスポンス ……………………………… 82
ロードトランスファーライン
　　　　　　　　　………… 16, 18, 109
ロードライン ………………………… 116
ロープスリング ………………………… 73
ロッキングラダースナップ ………… 121

## わ

ワーキングエンド ……………………… 56
ワークポジショニング ……………… 145
罠もやい結び …………………………… 58

## 原著者紹介

### ピーター・ドンゼリ博士

ドンゼリ博士は、機械エンジニアであり、レンセラー工科大学（アメリカ）の医用生体工学の助教授でもありながら、アーボリカルチャーにも情熱を傾け、長年にわたってアーボリストとして働いていました。その中で、アーボリカルチャーに工学的概念を積極的に取り入れ、研究を重ね発展させ、今日のリギング技術の土台を作り上げました。しかし、2000年、本書（原著）に関連するリギングトレーニングシリーズのビデオ撮影の直前に、樹木の除去作業中に悲惨な事故に遭い命を落としました。博士に敬意を表し、The Art and Science of Practical Rigging（原著名）を捧げます。

### シャロン・リリー

シャロン氏は、ツリークライマーの先駆者で、25年以上の経験を持つアーボリストです。アーボリストの人材育成、トレーニング指導にも熱心に取り組んでおり、その教材となる著作物が多くあります。ツリーワーカーの作業マニュアル、アーボリストの認定試験ガイド、ツリークライマーのガイドおよびゴルフ場の樹木管理など、さまざまな書籍やパンフレットの原稿を書いています。さらに、ISAのトレーニングビデオの開発と製作にも携わっています。

# 訳者紹介

### ジョン・ギャスライト博士

国籍カナダ、1985年来日。愛知県瀬戸市在住。中部大学教授。南山大学国際経営学部で日本語を学び卒業後、名古屋大学大学院に進学し農学博士号取得。日本にツリークライミングを紹介した第一人者。2000年にツリークライミング® ジャパン（TCJ）を設立。2001年には世界初、世界で5番目に高いジャイアントセコイアにフィジカルチャレンジャーと共に登攀成功。その活動が2002年スミソニアンマガジンに掲載される。2005年日本国際博覧会でグローイングビレッジプロデューサーとして活躍。2014-2017年ISA理事就任。2018年ISA理事再任。2007年日本アーボリスト® 協会（JAA）設立。2013年アーボリスト® トレーニング研究所（ATI）を設立し、日本におけるアーボリカルチャーの次代を担う後進の育成指導に尽力。

### 川尻 秀樹

岐阜県美濃市在住。日本大学、東京農工大学を経て、岐阜県で試験研究、短大講師、普及指導、公園管理、市役所業務など様々な分野の職場を経験する中で、ツリークライミング、森林インストラクター、樹木医、技術士（森林部門）の知識を活かして「山を守る人づくり、地域の山と人をつなぐ活動」に尽力。2011年から岐阜県立森林文化アカデミー教授、2016年から同校副学長兼事務局長。
著書に「読む植物図鑑vol.1〜4」、翻訳本に「『なぜ？』が学べる実践ガイド 納得して上達！ 伐木造材術」、共著に「将来木施業と径級管理－その方法と効果」などがある。

### 髙橋 晃展

長野県喬木村在住。東京工業高等専門学校を卒業後、会社員を経て、森林組合で林業に従事。現場仕事をする中でツリークライミングに出会い樹上の世界に魅了される。ツリークライミングの技術を活かし、著名な神社など数多くの現場でツリーワークに携わる。2009年日本人として初めて、International Tree Climbing Championshipに出場し、Spirit of the Competition Award（健闘賞）を受賞。現在ISAの日本リエゾン（ISA日本統括連絡）として、後進の指導にあたる。

| デザイン | 野沢 清子（株式会社エス・アンド・ピー） |

## アーボリスト®必携 リギングの科学と実践

2018年8月30日　初版発行
2022年2月15日　第3刷発行

| 著者 | ISA　International Society of Arboriculture |
| --- | --- |
| | ピーター・ドンゼリ |
| | シャロン・リリー |
| 訳者 | アーボリスト®トレーニング研究所 |
| 発行者 | 中山 聡 |
| 発行所 | 全国林業改良普及協会 |
| | 〒107-0052　東京都港区赤坂1-9-13　三会堂ビル |
| | 電話　03-3583-8461（販売担当） |
| | 　　　03-3583-8659（編集担当） |
| | FAX　03-3583-8465 |
| | 注文FAX　03-3584-9126 |
| | webサイト　http://www.ringyou.or.jp/ |
| 印刷・製本所 | 松尾印刷株式会社 |

Ⓒ International Society of Arboriculture　　Printed in Japan 2018
ISBN978-4-88138-361-2

■著者、発行所に無断で転載・複写しますと、著者および発行所の権利侵害となります。
■本書に掲載される本文、イラスト、表のいっさいの無断転載・引用・複写（コピー）を禁じます。

一般社団法人　全国林業改良普及協会（全林協）は、会員である47都道府県の林業改良普及協会（一部山林協会等含む）と連携・協力して、出版をはじめとした森林・林業に関する情報発信および普及に取り組んでいます。

全林協の月刊「林業新知識」、月刊「現代林業」、単行本は、次のＵＲＬリンク先の協会からも購入いただけます。
　　www.ringyou.or.jp/about/organization.html
　　〈都道府県の林業改良普及協会（一部山林協会等含む）一覧〉

# 全林協の本

## 2022年改訂版
## ロープ高所作業（樹上作業）特別教育テキスト

アーボリスト®トレーニング研究所 著
ISBN978-4-88138-430-5
A4判　124頁カラー　ソフトカバー
定価：本体3,000円＋税

樹上でロープ高所作業に従事する方のための特別教育テキストです。墜落・転落災害防止、安全意識向上のために、作業やロープの知識等、写真図解で平明に紹介しています。

## ISA公認 アーボリスト®基本テキスト
## クライミング、リギング、樹木管理技術

International Society of Arboriculture、
シャロン・リリー 著
アーボリスト®トレーニング研究所 訳
ISBN978-4-88138-376-6
A4判　196頁カラー（一部モノクロ）
定価：本体8,000円＋税

アーボリストの手引き書として世界中で読まれています。樹木生態学の基礎、ロープと結び、剪定、リギング、伐倒・造材、ケーブル配線による樹木保護等、安全に木に登り、作業を行うための原則がまとめられています。
ISA認定試験の学習ガイドでもあり、章ごとにキーワードや練習問題が設けられているので、理解を深めるのに役立つ構成です。

## ツリークライミング 樹上の世界へようこそ

ジョン・ギャスライト著
ISBN978-4-88138-131-1
A5判　268頁　ソフトカバー
定価：本体1,810円＋税

ツリークライミングの魅力、おもしろさを紹介した本が登場しました。ツリークライミングは森も人も元気にしてくれます。木の上で、楽しい出会いを探しませんか。

## 「なぜ？」が学べる実践ガイド
## 納得して上達！伐木造材術

ジェフ・ジェプソン 著
ジョンギャスライト、川尻秀樹 訳
ISBN978-4-88138-279-0
A5判　232頁　ソフトカバー
定価：本体2,200円＋税

なぜその方法か？200点以上の図を用い、準備、手順を踏んだ伐木、難しい木の伐倒、枝払い・玉切り、薪の扱い方などを段階的に説明しています。

林業現場人
道具と技シリーズ

全国林業改良普及協会 編

### Vol.5　特殊伐採という仕事
ISBN978-4-88138-262-2
A4変型判　120頁カラー（一部モノクロ）　ソフトカバー
定価：本体1,800円＋税

プロが実践する特殊伐採の技術や安全対策、チームワークを公開!!

### Vol.10　大公開 これが特殊伐採の技術だ
ISBN978-4-88138-303-2
A4変型判　116頁カラー（一部モノクロ）　ソフトカバー
定価：本体1,800円＋税

登る、伐る、降ろす、作業デザイン、そして安全。特殊伐採の技術を写真図解！

### Vol.19　写真図解 リギングの科学と実践
ISBN978-4-88138-366-7
A4変型判　124頁カラー（一部モノクロ）　ソフトカバー
定価：本体1,800円＋税

現場写真で見るリギングの科学、技術、道具、実践！

---

お申し込みは、オンライン・メール・FAXで直接下記へどうぞ。（代金は本到着後の後払いです）

**全国林業改良普及協会**　〒107-0052　東京都港区赤坂1-9-13 三会堂ビル
ホームページもご覧ください。　メールアドレス：zenrinkyou@ringyou.or.jp　ご注文FAX：03-3584-9126
http://www.ringyou.or.jp　送料は一律550円。5,000円以上お買い上げの場合は1配送先まで無料。